U0170246

基于人工智能的个性化定制产品设计研究

JIYU RENGONG ZHINENG DE

GEXINGHUA DINGZHI CHANPIN SHEJI YANJIU

石林 ◎ 著

華中科技大學出版社
http://press.hust.edu.cn
中国 · 武汉

内 容 简 介

本书深入探索了人工智能在个性化定制产品设计中的应用，系统地介绍了从理论到实践的各个方面。全书详细阐述了个性化定制产品设计的定义、演变及其与人工智能技术的结合，分析了智能设计在产品功能、结构、外观及用户体验方面的创新应用，特别关注了智能优化算法和数据驱动设计方法如何提升设计效率和产品创新性。

此外，本书还讨论了人工智能在设计领域引入的伦理挑战、对环境与可持续发展的影响及其对传统产业转型的影响。书中不仅展示了人工智能技术推动设计自动化和定制化的潜力，也批判性地分析了其可能带来的社会和隐私问题。

最后，本书提出了当前研究的局限性，并展望了未来人工智能在个性化定制产品设计领域的发展方向和研究趋势，为相关领域的专业人士和研究者提供了实用的洞见和建议。

图书在版编目(CIP)数据

基于人工智能的个性化定制产品设计研究/石林著.—武汉：华中科技大学出版社，2024.5
ISBN 978-7-5772-0810-7

Ⅰ.①基… Ⅱ.①石… Ⅲ.①人工智能-应用-产品设计-研究 Ⅳ.①TB472-39

中国国家版本馆 CIP 数据核字(2024)第 088247 号

基于人工智能的个性化定制产品设计研究 石林 著
Jiyu Rengong Zhineng de Gexinghua Dingzhi Chanpin Sheji Yanjiu

策划编辑：江 畅
责任编辑：段亚萍
封面设计：孢 子
责任监印：朱 玢
出版发行：华中科技大学出版社(中国·武汉) 电话：(027)81321913
武汉市东湖新技术开发区华工科技园 邮编：430223
录 排：武汉创易图文工作室
印 刷：武汉市洪林印务有限公司
开 本：710 mm×1000 mm 1/16
印 张：15.25
字 数：282 千字
版 次：2024 年 5 月第 1 版第 1 次印刷
定 价：62.00 元

本书若有印装质量问题，请向出版社营销中心调换
全国免费服务热线：400-6679-118 竭诚为您服务
版权所有 侵权必究

目　录

绪　论

第一节 背景及研究意义

一、当代社会消费需求的多样性与个性化

随着全球经济的发展和社会的进步，人们对于消费品的需求愈发多样化和个性化。在过去的几十年里，消费者逐渐从满足基本需求转向追求个性化、差异化的产品。消费者对于产品的品质、设计、功能等方面有着越来越高的期待。这种消费趋势使得企业和设计师面临巨大的挑战，需要不断创新设计方法，以满足不同消费者的个性化需求。

在过去，大规模生产和标准化产品满足了市场对于低成本和高效率的需求，但随着消费者对于个性化产品的追求，这种生产模式已经不能完全满足市场需求。个性化定制产品设计应运而生，它追求量身定制，以满足每个消费者的独特需求。然而，个性化定制产品设计需要克服诸多挑战，如生产效率、成本控制、设计创新等，这些问题在传统的设计方法中难以解决。

二、人工智能技术在产品设计领域的应用

人工智能(AI)技术在过去几十年中得到了迅速发展，已经广泛应用于各个行业领域。在产品设计方面，AI 技术的应用正在逐步改变设计过程，提高设计效率，并为创新设计提供强大的支持。通过使用机器学习、深度学习等技术，AI 可以在大量数据中挖掘潜在规律，为设计师提供更丰富的设计灵感，使个性化定制产品设计成为可能。

首先，AI 技术可以帮助设计师在短时间内获取海量的数据，这些数据包括消费者的需求、行为习惯、购买记录等。通过对这些数据的分析，AI 可以挖掘出消费者的潜在需求，为设计师提供有针对性的设计建议。此外，AI 技术可以利用大数据技术来分析市场趋势，帮助设计师把握行业动态，从而做出更具竞争力的产品设计。

其次，AI 技术在设计过程中可以实现自动化和智能化。例如，在生成设计方案时，AI 技术可以利用遗传算法、深度学习等方法自动生成多种设计方

案,供设计师选择和优化。在产品制造环节,AI 技术可以通过数字化和智能化的生产线实现快速、高效的生产过程,从而降低生产成本、提高产品质量。此外,AI 技术还可以在产品设计过程中实时监测和调整设计参数,以满足实际生产和消费者需求的变化。

最后,AI 技术可以促进跨学科的交流与合作,拓展设计领域的研究视野。例如,通过与心理学、社会学、认知科学等学科的结合,AI 技术可以更深入地理解消费者的需求和行为。同时,AI 技术还可以与其他领域的技术相结合,如虚拟现实(VR)、增强现实(AR)、物联网(IoT)等,为个性化定制产品设计提供更多可能性和创新空间。

三、人工智能技术推动个性化定制产品设计的发展

人工智能技术在个性化定制产品设计中的应用为设计师提供了新的工具和方法,使得产品设计过程更加高效、灵活和创新。AI 技术不仅可以帮助设计师更好地理解消费者需求,还能在设计过程中实现自动化和智能化,从而降低生产成本、提高产品质量。此外,AI 技术还可以促进跨学科的交流与合作,拓展设计领域的研究视野,推动个性化定制产品设计的持续发展。

在未来,人工智能技术将进一步发挥其在个性化定制产品设计中的潜力,为消费者带来更加个性化、高品质的产品。设计师们将需要掌握 AI 技术并与之紧密合作,以满足市场的不断变化。同时,政府、企业和教育机构需要加大对 AI 技术在个性化定制产品设计领域应用的投入与支持,以培养更多具备 AI 技术能力的设计师,推动行业的持续发展。

人工智能技术对个性化定制产品设计领域的影响是深远的。本研究将对此进行全面、深入的探讨,为相关研究和实践提供参考和启示。

第二节　国内外研究现状

一、人工智能技术的发展与趋势

机器学习与深度学习技术的发展:近年来,机器学习、深度学习等技术

取得了重要突破,成为 AI 技术发展的核心。这些技术使 AI 系统具备了从大量数据中提取特征、学习规律并进行预测的能力,为产品设计提供了强大的支持。

计算能力与硬件技术的提升:随着计算能力的提升和硬件技术的进步,AI 技术在产品设计领域的应用逐步深入。高性能计算设备和专用芯片的出现为 AI 技术在处理复杂设计问题时提供了更高的计算效率和更低的能耗,有利于实现更加复杂的设计任务。

AI 与设计领域的交叉应用:越来越多的设计领域开始应用 AI 技术,例如工业设计、建筑设计、时尚设计等。AI 技术为这些领域的设计师提供了强大的数据分析和创新设计支持,使得设计过程更加高效和智能化。

自然语言处理与语义理解的进步:自然语言处理(NLP)技术在近年来取得了显著的进展,使得 AI 系统能够更好地理解人类的语言和语义。这对于产品设计领域具有重要意义,因为设计师在与客户沟通需求、理解用户意图和反馈等方面需要依赖自然语言的交流。随着 NLP 技术的不断完善,AI 系统在设计领域的应用将变得更加智能化和人性化,有利于提高设计师与客户之间的沟通效率和满意度。

(一)增强现实与虚拟现实技术的融合

AR 与 VR 技术在产品设计领域的应用逐渐成为一种趋势,为设计师提供了更直观、沉浸式的设计体验。这些技术能够帮助设计师快速地预览和验证设计方案,减少迭代次数,提高设计质量。此外,AR 与 VR 技术还有助于提升消费者对个性化定制产品的体验,使得客户能够在购买前更好地了解和评估产品。

(二)AI 技术与大数据分析的结合

在个性化定制产品设计过程中,大数据分析为 AI 技术提供了丰富的数据来源。通过对大量用户数据的分析,AI 系统能够洞察消费者的行为模式和喜好,为设计师提供更精确的市场定位和产品定制方案。这有助于提高产品的竞争力和市场适应性,满足不同消费者的个性化需求。

(三)AI 技术与 3D 打印技术的融合

3D 打印技术在近年来得到了广泛的关注,其在产品设计领域的应用为个性化定制产品设计提供了重要支持。AI 技术可以通过对设计方案的快速生成和优化，使得设计师能够更高效地探索多种设计可能性。结合 3D 打印技术，可以实现对个性化定制产品的快速原型制作和生产，降低制造成本，缩短产品上市时间。

（四）AI 技术在设计教育与培训中的应用

AI 技术在设计教育和培训中的应用日益受到重视。AI 技术可以为设计师提供智能化的学习和培训资源，帮助他们更快地掌握新技能和知识。此外，AI 技术还可以辅助教师进行学生评估、课程设计和个性化教学，以提高设计教育质量和效果。

（五）人工智能伦理与法律问题的关注

随着 AI 技术在产品设计领域的广泛应用，伦理与法律问题也逐渐引起了关注。例如，在个性化定制产品设计过程中，如何保护用户隐私、确保数据安全、遵循知识产权等法规，已经成为亟待解决的问题。因此，研究和建立相关的伦理和法律规范对于促进 AI 技术在产品设计领域的健康发展具有重要意义。

（六）人工智能与人类设计师的协作

AI 技术在产品设计领域的发展并不意味着人类设计师将被取代，而是代表着人工智能与人类设计师的协同合作。AI 技术可以帮助设计师处理烦琐的数据分析和计算任务，释放设计师的创造力和专业技能。而人类设计师则可以通过自身的专业知识、创新能力和审美观念，引导 AI 系统生成更具创意和价值的设计方案。这种协同创新的模式有助于实现产品设计领域的持续发展和创新。

人工智能技术在产品设计领域的发展呈现出多元化和交叉融合的趋势。AI 技术为个性化定制产品设计提供了强大的支持，使得设计过程更加高效、智能化和创新。然而，在推动 AI 技术在产品设计领域应用的过程中，我们也需要关注伦理、法律等问题，确保技术的健康发展。此外，人工智能与人类设计师的协同合作将成为未来产品设计领域的重要发展方向，有望为消费者带来更多创新和个性化的定制产品。

二、个性化定制产品设计的重要性及其挑战

（一）消费者需求的多样性

消费者对产品的需求越来越多样化，使得企业和设计师需要利用有限的资源在有限的时间内满足不同消费者的个性化需求。这对设计过程提出了极大的挑战。首先，设计师需要深入了解消费者的需求和期望，以便更好地满足他们的个性化要求。此外，设计师需要不断更新自己的知识和技能，以便掌握不同消费者群体的特点和需求。这意味着，设计师需要具备跨文化和跨领域的知识，以应对消费者需求多样性带来的挑战。

（二）生产成本与效率的矛盾

个性化定制产品设计往往需要较高的生产成本和较长的生产周期，这与企业追求低成本和高效率的生产模式存在矛盾。在解决这一矛盾的过程中，设计师需要在成本与效率之间找到平衡点。一方面，设计师需要在设计方案中充分考虑生产成本和效率因素，以确保个性化定制产品的经济性和实用性。另一方面，设计师可以借助先进的制造技术（如 3D 打印、自动化生产线等）来降低生产成本和提高生产效率，从而实现个性化定制产品设计的可行性和可持续性。

（三）技术难度与创新能力的挑战

实现个性化定制产品设计需要克服技术难题，例如如何实现高度个性化的设计方案，如何在短时间内完成大量定制产品的设计等。同时，设计师需要不断创新，以满足消费者对个性化产品的新需求。在解决技术难题和提高创新能力方面，设计师可以利用人工智能等技术手段。例如，通过机器学习和深度学习技术，设计师可以从大量数据中提取有用信息，从而更好地理解消费者需求和市场趋势。此外，设计师还可以利用人工智能技术辅助进行方案生成、评估和优化，以提高设计质量和效率。

（四）协同设计与跨领域合作

个性化定制产品设计往往需要多个领域的知识和技能，设计师需要与

不同专业领域的专家进行协同设计。如何实现高效的协同设计和跨领域合作，成为个性化定制产品设计面临的挑战之一。为了解决这一挑战，设计师可以采用以下策略。

(1)建立多学科团队：在产品设计过程中，建立一个多学科团队可以帮助设计师更好地解决各种复杂问题。这些团队成员可以包括工程师、材料科学家、心理学家、市场营销专家等。不同领域专家的协同合作，可以确保个性化定制产品设计在技术、材料、市场等方面都得到全面考虑。

(2)采用协同设计工具：为了提高协同设计的效率，设计师可以使用一些协同设计工具，如在线设计平台、实时编辑工具等。这些工具可以帮助设计师实时分享信息、讨论方案、追踪项目进度，从而提高团队成员间的沟通效率和设计质量。

(3)培养跨领域思维能力：对于设计师来说，具备跨领域思维能力至关重要。这意味着设计师需要了解不同领域的知识和技能，并能够将这些知识和技能融合到产品设计中。为了培养这种能力，设计师可以通过阅读、参加研讨会、与不同领域的专家交流等方式，不断拓宽自己的知识视野。

(4)加强产学研合作：为了克服个性化定制产品设计的挑战，企业、学术机构和研究机构之间的合作至关重要。通过产学研合作，各方可以共享资源和知识，促进技术创新和人才培养。此外，政府部门也可以通过政策支持和资金投入，推动产学研合作在个性化定制产品设计领域的发展。

个性化定制产品设计在满足消费者多样化需求的同时，也面临着多方面的挑战。为了应对这些挑战，设计师需要运用先进的设计理念和技术手段，加强跨领域合作和协同设计。在未来，人工智能技术有望在个性化定制产品设计领域发挥更加重要的作用，为设计师提供强大的支持和辅助。

三、国内外研究现状及发展动态分析

针对人工智能技术在个性化定制产品设计中的应用，国内外研究人员展开了广泛的研究。总体来看，研究现状表现出以下特点。

(一)理论研究与实证分析相结合

研究者们在探讨人工智能技术在个性化定制产品设计中的应用原理和方法的同时，也对实际案例进行了深入的实证分析，以验证所提出的理论和方法的有效性。例如,研究者们研究了基于深度学习的图像识别技术在个性化服装设计中的应用,通过实证分析证明了该技术在快速生成个性化设计方案方面的有效性。另外,一些研究关注了基于协同过滤的推荐系统在个性化家具设计中的应用,实证分析表明这种方法可以有效地满足消费者的个性化需求。

(二)跨学科研究与合作

个性化定制产品设计涉及多个学科领域,如设计学、计算机科学、心理学等。研究者们在进行研究时,积极借鉴不同学科的理论和方法,推动跨学科研究与合作的发展。例如,在研究个性化定制产品设计过程中,设计学领域的理论可以指导设计师了解消费者需求和市场趋势,计算机科学领域的方法可以帮助设计师实现智能化设计工具和算法,心理学领域的知识可以辅助设计师理解消费者的心理需求和行为模式。这种跨学科研究和合作为个性化定制产品设计提供了全面且深入的理论支持。

(三)关注实际应用与产业发展

研究者探讨人工智能技术在个性化定制产品设计中的应用时,紧密关注实际应用需求和产业发展,以期为产品设计实践提供有益的指导和支持。在实际应用方面,研究者们关注了人工智能技术如何帮助设计师生成个性化设计方案、优化生产流程、提高生产效率等。此外,研究者还关注了人工智能技术在产业发展中的作用,如如何通过 AI 技术推动个性化定制产品行业的发展,如何促进企业在竞争激烈的市场中保持竞争优势等。例如,一些研究关注了人工智能在个性化定制鞋类市场的应用,通过实践证明,AI 技术可以帮助企业快速捕捉市场需求变化,提高生产效率,降低生产成本,从而在激烈的市场竞争中脱颖而出。

综上所述,人工智能技术在个性化定制产品设计领域的研究现状显示出理论研究与实证分析相结合、跨学科研究与合作,以及关注实际应用与产业发展等特点。随着人工智能技术的不断发展和创新,相信在未来,这一领域的研究将更加深入和广泛,为个性化定制产品设计提供更为强大的支持和指导。

四、未来人工智能在个性化定制产品设计中应用的趋势和挑战

在国内外研究现状和发展动态的基础上，我们可以预见未来人工智能在个性化定制产品设计中应用的趋势和挑战。

（一）自动化与智能化设计工具的发展

随着人工智能技术的进步，设计师可以利用更为自动化和智能化的设计工具来实现个性化定制产品设计。这些工具可以通过深度学习、计算机视觉和自然语言处理等技术，更加精准地理解消费者的需求和偏好，从而为设计师提供更有针对性的设计建议。

（二）大数据分析在个性化定制产品设计中的应用

随着大数据技术的发展，企业和设计师可以利用大数据分析工具来获取和分析消费者的行为数据、社交网络数据等，以更好地了解消费者的个性化需求。此外，大数据分析还可以帮助企业预测市场趋势，为个性化定制产品设计提供有力支持。

（三）增强现实和虚拟现实技术的融合

AR 和 VR 技术可以为个性化定制产品设计带来全新的体验。消费者可以通过 AR 和 VR 技术在虚拟环境中预览和体验定制产品，进而为设计师提供更为直观和具体的反馈。这将有助于提高设计效率，减少设计迭代次数。

（四）3D 打印技术在个性化定制产品设计中的应用

3D 打印技术为个性化定制产品制造提供了新的可能。设计师可以利用 3D 打印技术快速制作定制产品的原型，从而缩短设计周期，降低生产成本。此外，3D 打印技术还可以使个性化定制产品在材料、结构等方面实现更大的创新。

在面临这些发展趋势的同时，个性化定制产品设计领域也将面临一些挑战，如数据安全与隐私保护、人工智能伦理问题等。因此，在未来的研究中，学者们需要关注这些挑战，并积极寻求解决方案，以推动人工智能技术在个性化定制产品设计中的持续发展和应用。

第一章　产品设计与人工智能基本理论

第一节　产品设计的基本概念与原则

一、产品设计的定义与特点

产品设计是一种多学科、多领域交叉的创新活动。它涉及工程技术、艺术、心理学、社会学等多个学科领域，以满足消费者需求、实现产品功能和提高产品美观性为核心目标。产品设计的过程是一个系统性、综合性的问题解决过程，需要考虑产品的形式、结构、功能、材料等各个方面。

产品设计的特点如下。

创新性：产品设计是一种追求创新的活动，致力于提出新颖、独特、富有创意的设计方案，以满足消费者不断变化的需求和应对市场竞争的压力。创新性是产品设计的生命力，是提高产品竞争力的关键因素。

以人为本：产品设计始终以满足人类需求为出发点和落脚点，注重关注用户体验、满足用户需求、提高用户满意度。以人为本的设计理念要求设计师站在用户的角度，深入了解用户的需求和期望，为用户创造价值。

系统性：产品设计是一个系统工程，涉及产品的外观、结构、功能、材料等多个方面的设计。设计师需要综合考虑这些方面的因素，确保产品的整体性和协调性。系统性要求设计师具备全局观念和跨学科知识，能够在多个维度上平衡和优化设计方案。

可持续性：产品设计需要充分考虑生产成本、环境影响、使用寿命、可维护性等多种因素，追求资源节约、环境友好、社会责任等方面的可持续性。可持续性要求设计师关注产品的全生命周期，从资源获取、生产制造、使用维护到废弃处理等各个环节，实现绿色、环保、可持续的产品设计。

产品设计的过程不仅关注产品的外观和功能，还需要充分考虑生产成本、环境影响、使用寿命、可维护性等多种因素。这些因素共同决定了产品设计的成功与否，是设计师在进行产品设计时需要全面考虑和权衡的关键要素。

二、产品设计流程

产品设计流程是一个迭代的、多阶段的过程，涉及需求分析、概念设计、方案设计、详细设计、样品制作与测试等环节。

（一）需求分析

需求分析是产品设计的起点和基础。设计师需要收集并分析潜在用户的需求、市场趋势和竞争对手的产品，明确设计目标和约束条件。需求分析的主要任务包括：

用户需求分析：通过市场调查、访谈、问卷等方法，收集潜在用户的需求信息，了解用户对产品的功能、性能、外观、价格等方面的期望和要求。设计师需要站在用户的角度，深入挖掘用户的潜在需求，为设计提供有价值的参考。

市场分析：研究市场的发展趋势、消费者行为、市场细分等方面的信息，了解产品所面临的市场环境和竞争态势。市场分析有助于设计师确定产品的定位和发展战略，提高产品的市场竞争力。

竞品分析：对竞争对手的产品进行分析，包括产品的功能、性能、外观、价格等方面的对比，了解竞品的优缺点和差异化特点。竞品分析可以为设计师提供有益的借鉴和启示，帮助设计师找到产品设计的创新点和突破口。

设计目标与约束条件：根据需求分析结果，明确产品设计的目标和约束条件。设计目标包括功能、性能、外观等方面的具体要求，约束条件包括成本、时间、法规等方面的限制。设计师需要在目标和约束条件之间寻求平衡，实现最优设计。

（二）概念设计

概念设计是产品设计的初步阶段，主要任务是根据需求分析结果，提出初步的设计思路和方案，进行可行性评估。概念设计的过程包括：

创意产生：设计师通过头脑风暴、类比推理、逆向思维等方法，产生多种创意和设计思路。创意产生的目的是激发设计师的想象力和创造力，为产品设计提供丰富的灵感来源。

创意筛选：对产生的创意进行筛选，剔除不符合设计目标和约束条件的创意,保留有潜力的设计思路。创意筛选的过程需要充分考虑创意的可行性、创新性和市场潜力等因素,确保概念设计方案具有实际意义。

概念方案开发:基于筛选后的创意,开发初步的概念方案。概念方案应包括产品的基本功能、结构原理、外观造型等方面的设计描述,为后续的方案设计阶段提供基础。

可行性评估:对概念方案进行可行性评估,包括技术可行性、市场可行性、经济可行性等方面的分析。可行性评估可以帮助设计师发现概念方案中存在的问题和不足,为后续的设计优化提供指导。

(三)方案设计

方案设计是在概念设计的基础上,进一步细化设计方案,包括产品结构、材料选择、外观造型等方面的设计。方案设计的主要任务包括:

产品结构设计:设计产品的组成部件、连接方式、装配顺序等,确保产品具有良好的功能、性能和可靠性。结构设计需要考虑产品的工艺性、可制造性和可维修性等因素,降低生产成本和维修难度。

材料选择:选择适合产品性能要求和成本预算的材料。材料选择需要综合考虑材料的力学性能、化学性能、工艺性能等因素,以及材料对产品重量、成本、环境等方面的影响。

外观造型设计:设计产品的外观造型,使产品具有良好的美观性和符合人体工程学的使用体验。外观造型设计需要充分考虑消费者的审美趣味和文化背景,提高产品的吸引力和市场竞争力。

方案评估与优化:对方案设计进行评估,包括功能性能评估、结构优化、外观评价等方面。评估结果可以为设计师提供优化方向,指导设计方案的迭代改进。

(四)详细设计

详细设计阶段对方案设计进行深化,完成产品的全部细节设计,如尺寸、公差、配色等,为生产制造提供详细图纸和技术文件。详细设计的主要任务包括:

尺寸与公差设计:确定产品部件的尺寸和公差,以确保产品的装配性、可互换性和可维修性。尺寸和公差设计需要充分考虑制造工艺、检验方法和成本等因素，实现设计的精度与成本之间的平衡。

配色与材料表面处理：确定产品的配色方案和材料表面处理方法，以提高产品的美观性和耐用性。配色设计需要考虑消费者的审美偏好、产品定位和市场趋势等因素；材料表面处理需要考虑处理方法对产品性能、成本和环境的影响。

标准件与专用件选择：选择合适的标准件和专用件，以满足产品的功能、性能和成本要求。标准件选择需要考虑件的通用性、可靠性和成本等因素；专用件选择需要考虑件的独特性能、制造难度和成本等因素。

制造工艺与质量控制：为产品的制造过程提供详细的工艺指导和质量控制要求，确保产品的质量和性能达到设计目标。制造工艺设计需要考虑工艺的可行性、成本和环境影响等因素；质量控制需要考虑检验方法、标准和成本等因素。

（五）样品制作与测试

根据详细设计图纸制作产品样品，进行功能、性能、可靠性等方面的测试和验证，根据测试结果对设计进行优化迭代。样品制作与测试的主要任务包括：

样品制作：根据详细设计图纸和技术文件，制作产品样品。样品制作需要保证样品的质量和精度，以确保测试结果的可靠性。

测试计划：制订产品测试计划，包括测试项目、测试方法、测试标准和测试设备等。测试计划需要充分考虑产品的功能、性能和可靠性等方面的要求，确保测试的全面性和有效性。

测试执行与数据收集：按照测试计划进行测试，收集测试数据。测试执行需要严格遵循测试方法和标准，确保数据的可靠性；数据收集需要采用有效的数据管理和分析方法，以便后续的数据分析和优化。

优化迭代：根据测试结果，对产品设计进行优化迭代。优化迭代可能涉及概念设计、方案设计和详细设计等阶段的改进，包括修改产品结构、优化材料选择、调整外观造型等方面。设计师需要在迭代过程中充分考虑测试反馈，结合设计目标和约束条件，逐步提高产品的功能性、美观性和可靠性。

通过上述五个环节的紧密衔接和相互配合，产品设计流程能够确保从需求分析到样品制作与测试的全过程顺利进行，最终实现产品设计的目标。

产品设计流程是一个动态的、迭代的过程，设计师需要在实践中不断积累经验、提高能力，以应对日益复杂和多样化的产品设计挑战。同时，随着人工智能技术的发展和应用，产品设计流程也将逐渐融入智能化和个性化的元素，为消费者带来更加丰富和个性化的产品体验。

三、设计原则

（一）功能性

功能性是产品设计的基本要求，意味着产品能够有效地实现其预期的功能和性能。为满足功能性要求，设计师需要深入理解用户需求和场景，结合市场趋势和竞品分析，明确产品的核心功能和附加功能。此外，设计师还应考虑产品的使用寿命、性能稳定性、安全性和兼容性等因素，以确保产品在各种使用环境下均能保持良好的功能表现。随着人工智能技术的发展，功能性原则在产品设计中的应用也日益拓展，如自适应用户行为的智能产品、根据环境条件自动调整性能参数的智能设备等。

（二）美观性

美观性原则要求产品设计具有良好的视觉效果和较高的审美价值，以吸引消费者并增强产品的市场竞争力。设计师在遵循美观性原则时，需关注流行趋势、色彩搭配、材质选择和造型设计等方面，以创造出具有独特个性和品牌特色的产品。此外，美观性原则还要求设计师将美学元素与功能性、可用性等其他设计原则相结合，实现产品的整体和谐。随着个性化需求的增长，美观性原则在产品设计中的重要性也日益凸显，如定制化的外观设计、个性化的界面主题等。

（三）可用性

可用性原则强调产品设计应关注用户体验，使产品易于使用、易于理解、易于掌握。为满足可用性要求，设计师需要站在用户的角度，对产品的交互逻辑、操作流程、信息展示等方面进行优化，降低用户的学习成本和使用难度。同时，可用性原则还要求设计师关注不同用户群体的需求差异，如考虑老年人、儿童等特殊用户群体的使用习惯和认知特点。在人工智能技术的支持下，可用性原则在产品设计中的应用也呈现出新的趋势，如基于人工智能的语音助手、面部识别等智能交互方式。

（四）可制造性

可制造性原则要求产品设计应考虑生产工艺的限制，保证产品易于制造、组装和维修。设计师在遵循可制造性原则时，需充分了解产品的生产工艺、设备能力和材料特性，以确保设计方案能够顺利地从设计阶段转化为生产阶段。此外，可制造性原则还要求设计师关注成本控制，通过合理选择材料、简化结构、优化生产工艺等手段，降低生产成本。随着数字化和智能化生产技术的发展，可制造性原则在产品设计中的应用也日益拓展，如基于3D打印技术的快速原型制作、基于人工智能的智能生产调度等。

（五）可维修性

可维修性原则要求产品设计应考虑维修和更换零部件的便捷性，提高产品的可维修性和可维护性。设计师在遵循可维修性原则时，需确保产品结构易于拆卸、零部件易于更换，以降低维修难度和成本。此外，可维修性原则还要求设计师关注产品的可升级性，通过模块化设计等方式，使产品能够适应技术进步和市场变化，延长产品的使用寿命。随着可持续发展理念的普及，可维修性原则在产品设计中的重要性也日益凸显，如循环经济中的产品再生利用、可拆卸和可升级的产品设计等。

（六）环境友好性

环境友好性原则要求产品设计应充分考虑产品的环境影响，力求实现环保、低碳、可持续的产品设计。为满足环境友好性要求，设计师需要关注产品在整个生命周期内的环境表现，包括原材料采购、生产、使用和废弃物处理等环节。此外，设计师还需利用节能、减排、可降解等绿色技术和材料，降低产品对环境的负面影响。随着全球环境问题的加剧，环境友好性原则在产品设计中的应用得到越来越多的关注，如绿色供应链管理、循环经济、产品碳足迹评估等。

综上所述，产品设计原则涵盖了功能性、美观性、可用性、可制造性、可维修性和环境友好性等多个方面，这些原则相互关联、相互支持，共同指导设计师在实际设计过程中充分考虑各种因素，以实现高质量、高效率、可持续发展的产品设计。在遵循这些设计原则的同时，设计师还需关注行业动态、市场变化和技术创新，将最新的理念和技术融入产品设计中，以提高产品的竞争力和市场价值。

随着人工智能技术的发展和应用，产品设计原则在实践中的实现方式也在不断创新。例如，基于大数据的用户行为分析可以帮助设计师更准确地把握消费者需求，提高产品功能性和可用性；人工智能算法可以辅助设计师进行外观设计和材料选择，提高产品的美观性和环境友好性；智能制造技术可以提高生产的效率和灵活性，降低生产成本，进而提高产品的可制造性。

此外，随着个性化和定制化需求的兴起，产品设计原则也需要不断调整和优化。例如，在满足功能性、美观性等基本要求的同时，设计师还需关注产品的个性化特征，以满足不同消费者的独特需求。此时，人工智能技术可以为产品设计提供强大支持，如基于机器学习的个性化推荐系统可以为消费者提供更加精准的定制方案；基于深度学习的生成对抗网络（GAN）可以为设计师提供丰富的创意灵感，助力创新型产品设计。

产品设计原则是指导设计师实际设计过程的基本法则和准则，包括功能性、美观性、可用性、可制造性、可维修性和环境友好性等方面。这些原则在现代产品设计中具有重要的指导意义，有助于实现高品质、高效率、可持续性的产品设计。同时，在人工智能技术的推动下，产品设计原则也在不断发展和创新，为未来的产品设计提供新的契机。

第二节　个性化定制产品设计的定义及演变

一、定义

个性化定制产品设计是一种根据消费者的个性化需求和喜好，通过设计方案生成、产品评估与优化等环节，为消费者量身打造独特产品的设计方法。其核心目标是满足消费者对产品外观、性能、功能等方面的个性化需求，为消费者带来更高的使用价值和满意度。个性化定制产品设计涵盖了从需求分析、设计策略制定、方案生成、产品评估到优化迭代等多个环节。

(一)需求分析

需求分析是个性化定制产品设计的第一步,其目的是充分了解消费者的个性化需求。这一环节主要包括以下内容:

(1)消费者行为分析:通过收集消费者的购买行为、使用习惯等信息,分析消费者的需求特点和偏好。

(2)心理分析:通过对消费者的心理特征进行研究,挖掘消费者的内在需求。

(3)文化背景分析:了解消费者的文化背景,以便更好地满足消费者的审美需求。

(二)设计策略制定

设计策略制定是个性化定制产品设计的关键环节,其主要任务是根据需求分析结果,制定出适合个性化定制产品设计的设计策略。设计策略制定包括以下内容:

(1)目标设定:明确个性化定制产品设计的目标,例如提高消费者满意度、降低生产成本等。

(2)设计原则确定:根据消费者需求和企业战略,确定个性化定制产品设计的基本原则。

(3)技术路径选择:根据设计目标和原则,选择合适的技术路径,例如采用人工智能技术进行方案生成、评估与优化。

(三)方案生成

方案生成是个性化定制产品设计的核心环节,其目的是根据设计策略,生成满足消费者个性化需求的设计方案。方案生成包括以下内容:

(1)创意激发:运用各种创意方法激发设计师的思维,提高设计方案的创新性。

(2)方案草图绘制:根据创意激发结果,绘制方案草图,展示产品的基本构思。

(3)详细设计:对方案草图进行详细设计,包括产品的外观、结构、材料等方面的具体设计。

(4)方案比较与选择:将生成的多个方案进行比较和评价,选择最符合消费者需求和企业战略的方案。

(四)产品评估

产品评估是个性化定制产品设计的关键环节之一,其目的是检验设计方案是否满足消费者的个性化需求。产品评估主要包括以下内容:

(1)功能性评估:评估产品的功能性能是否满足消费者的需求。

(2)美观性评估:评估产品的外观设计是否符合消费者的审美需求。

(3)可行性评估:评估产品的生产工艺、成本等方面是否符合企业的生产条件。

(4)环境与社会效益评估:评估产品的环境影响和社会效益,以确保产品的可持续发展。

(五)优化迭代

优化迭代是个性化定制产品设计的最后一个环节,其目的是根据产品评估结果,对设计方案进行优化和改进。优化迭代主要包括以下内容:

(1)方案优化:根据评估结果,对设计方案的外观、结构、材料等方面进行优化。

(2)生产工艺优化:根据评估结果,改进生产工艺,提高产品的生产效率和降低成本。

(3)用户体验优化:根据评估结果,改进产品的功能和使用方式,提高用户体验。

(4)持续改进:根据市场反馈,不断优化和改进产品,以满足消费者日益变化的个性化需求。

通过以上五个环节的有机结合,个性化定制产品设计旨在为消费者提供高度个性化的产品,满足消费者对产品外观、性能、功能等方面的个性化需求。在未来,随着人工智能技术的不断发展,个性化定制产品设计将更加智能化、高效化,为消费者带来更高的使用价值和满意度。

二、历史演变

个性化定制产品设计的发展历程可分为以下几个阶段。

(一)手工定制阶段

在手工定制阶段,产品设计师与消费者之间的沟通是直接的,消费者可以详细描述自己的需求和喜好。设计师根据这些需求,运用自己的专业知识和技能,为消费者量身打造独一无二的产品。这种定制方式的优势在于,它能够充分满足消费者的个性化需求,创造出具有特色和独特价值的产品。然而,手工定制的生产效率低,成本高,适用范围有限,难以满足大规模市场需求。

(二)工业化生产阶段

随着工业革命的到来,产品生产逐渐实现批量化、标准化。这一阶段的个性化定制产品设计受到生产方式的制约,消费者的个性化需求得不到充分满足。为降低成本、提高生产效率,设计师往往会采用模块化、通用化等设计方法。这种设计方法虽然在一定程度上降低了生产成本,提高了效率,但在满足消费者个性化需求方面存在局限。

(三)数字化定制阶段

进入21世纪,计算机技术、网络技术、数字制造技术等迅速发展,为个性化定制产品设计提供了新的可能。这一阶段的个性化定制产品设计开始结合计算机辅助设计(CAD)、三维打印等技术,实现了设计方案的快速生成和个性化产品的快速制造。数字化定制在一定程度上解决了生产效率和成本的问题,为消费者提供了更多的定制选择。同时,互联网的发展也使得消费者与设计师之间的沟通更加便捷,有利于收集和分析消费者的需求信息。数字化定制阶段的个性化定制产品设计在满足消费者需求的同时,降低了生产成本和提高了生产效率。

(四)人工智能驱动的定制阶段

近年来,人工智能技术的快速发展为个性化定制产品设计提供了新的动力。在这一阶段,人工智能技术被广泛应用于需求分析、设计方案生成、产品评估与优化等环节。例如,利用深度学习技术分析消费者的购买行为和偏好,以实现精准的需求预测;使用生成对抗网络(GAN)等技术生成创新的设计方案;运用强化学习等技术优化设计方案。

人工智能驱动的个性化定制产品设计具有以下优势:

(1)提高设计质量:人工智能技术可以帮助设计师在短时间内生成大量的设计方案,并从中筛选出最符合消费者需求和喜好的方案。这有助于提高设计质量,满足消费者的个性化需求。

(2)提高设计效率:借助人工智能技术,设计师可以快速生成和评估设计方案,大大缩短了设计周期。此外,人工智能技术还可以在设计过程中为设计师提供智能提示和建议,帮助设计师避免低效的尝试。

(3)降低设计成本:人工智能技术可以提高设计效率,从而降低设计成本。同时,人工智能技术还可以帮助企业实现资源优化,进一步降低生产成本。

(4)更精准的需求预测和个性化推荐:人工智能技术可以对消费者的行为数据进行深入分析,实现更精准的需求预测和个性化推荐。这有助于企业更好地满足消费者的个性化需求,提高消费者满意度和忠诚度。

综上所述,人工智能技术在个性化定制产品设计中发挥着越来越重要的作用。随着人工智能技术的不断发展和完善,个性化定制产品设计将朝着更高质量、更高效率和更低成本的方向发展,为消费者带来更加丰富和个性化的产品选择。

三、当代发展趋势

当前,个性化定制产品设计呈现出智能化、绿色化、服务化和协同创新等发展趋势,设计师应充分关注并运用这些趋势,以满足现代消费者多样化、个性化的需求。具体而言,设计师需在设计过程中充分利用人工智能技术,以提高设计的精确度和效率;关注环保因素,确保产品在整个生命周期内具有较低的环境影响;关注与产品相关的服务体验,为消费者提供整体性的解决方案;与各方进行紧密合作,形成一个高度协同的创新网络,实现资源共享与优势互补。本小节将对这四个趋势进行深入探讨,以期为个性化定制产品设计领域的研究和实践提供有益启示。

(一)智能化

随着人工智能技术的飞速发展,其在个性化定制产品设计中的应用日益广泛，主要表现在以下几个方面：

需求分析与预测：通过深度学习、机器学习等技术，系统可以根据消费者的历史购买记录、社交媒体行为和其他数据源来分析消费者的喜好和需求。这些信息可为设计师提供有关消费者期望的重要参考，使设计更具针对性。

设计生成与优化：人工智能技术，如生成对抗网络（GAN）和进化算法，可以帮助设计师自动生成大量设计方案，并根据预定的优化目标进行筛选和优化。这一过程不仅可以提高设计效率，还能降低设计成本，提高设计质量。

智能制造与调度：人工智能技术在制造领域的应用使得按需生产、智能调度等成为可能。通过引入智能制造系统，企业可以根据实际需求灵活调整生产计划，降低库存成本，提高生产效率。

（二）绿色化

在人们的环保意识日益增强的背景下，绿色化已成为个性化定制产品设计的重要导向。设计师需要从以下几个方面全面考虑环保因素：

材料选择：设计师应优先选择可持续、可回收、低污染的环保材料。此外，设计师还需关注材料的再生利用，以减少资源浪费。

生产工艺：设计师应关注环保生产工艺的研究和应用，例如采用节能技术、减少废弃物排放等。这有助于降低产品生产过程中的环境污染。

废弃产品处理：设计师应考虑产品废弃后的处理方式，提倡循环经济。例如，设计易拆卸的结构和易分离的组件，使废弃产品更易回收和再利用。

环境影响评估：设计师在产品设计阶段应对潜在的环境影响进行评估，从而在设计过程中及时发现和解决可能带来的环境问题，确保设计方案的可持续性。

（三）服务化

现代消费者对于产品的需求日益多元化，服务化已成为个性化定制产品设计的新趋势。设计师需要关注以下几个方面：

售后服务：设计师应充分考虑产品的售后服务，包括维修、保养、更新等。提供优质的售后服务可以增强消费者对品牌的信任，提高客户满意度。

定制咨询：设计师需要关注消费者在定制过程中的需求，提供专业的定制咨询服务。这可以帮助消费者更好地了解产品，并为其提供合适的定制方案。

用户体验：设计师应关注产品的使用体验，包括易用性、舒适度和美观性等。通过优化用户体验，可以增强消费者对产品的喜爱，提高产品的市场竞争力。

服务创新：设计师需要不断创新服务模式，以满足消费者不断变化的需求。例如，推出线上定制平台，使消费者能够轻松地在家中完成个性化定制。

（四）协同创新

个性化定制产品设计越来越依赖于跨领域、跨组织的协同创新。为实现资源共享与优势互补，提高设计创新性和满足度，设计师需要与各方进行紧密合作：

消费者参与：通过消费者参与，设计师可以更直接地了解消费者的需求和期望，有助于生成更符合市场需求的设计方案。

跨领域合作：设计师需要与不同领域的专家进行合作，例如工程师、材料科学家和市场营销专家等。这样可以充分利用各领域的专业知识，共同解决设计中的难题。

跨组织协作：企业之间的跨组织协作有助于实现资源共享、降低成本、提高效率。设计师可与生产商、供应商等进行深入合作，以实现优势互补和共赢发展。

开放创新：设计师应积极参与开放创新网络，与国内外研究机构、高校、创新企业等进行合作与交流。开放创新有助于吸收最新的技术、理念和经验，提高设计方案的创新性和竞争力。

基于人工智能的个性化定制产品设计具有广阔的发展前景，为满足消费者个性化需求和实现可持续发展提供了重要支持。未来，随着相关技术的进一步发展和成熟，这一领域将不断拓展，推动个性化定制产品设计向更高层次迈进。

第三节 个性化定制产品设计的特点与挑战

一、特点

（一）高度个性化

在当今的消费市场上，一个明显的趋势是消费者对个性化产品的需求日益增长。随着技术的发展和消费者意识的提升，人们越来越希望自己使用的产品能够反映个人的风格、价值观和需求。这种需求的增长推动了产品设计和生产模式的变革，从而逐渐淡化了传统的大规模、标准化生产方式。这种需求的增长对产品设计和生产模式带来了显著的影响。企业开始寻求更灵活、更快速的生产方式来适应多样化的市场需求。同时，设计师面临着如何在设计中融入更多个性化元素的挑战，以满足消费者对个性化和差异化产品的需求。

以消费者为中心的设计方法强调在设计过程中将消费者的需求和偏好置于首位。这种方法涉及对目标用户群体的深入研究，包括他们的生活方式、偏好和需求。设计师通过这些研究获取灵感，创造出既实用又具有个性化特色的产品。要实现这种设计，设计师需要通过调研、用户访谈、市场分析等方式来深入理解目标用户。这种深入的理解可以帮助设计师识别消费者的确切需求和未被满足的愿望，从而在设计中实现创新和个性化。

在产品设计过程中融入个性化需求涉及将消费者的反馈和偏好直接应用到设计决策中。这可能涉及调整产品的功能、外观、材料甚至是整体的设计理念。通过这种方法，产品不仅能更好地反映用户的个性，还能更准确地满足他们的实际需求。通过充分融入个性化需求，设计师能够创造出与消费者之间最佳匹配的产品。这不仅增强了产品的吸引力，还提升了用户体验，从而使产品在市场上更具竞争力。

个性化定制产品设计能显著提高产品的市场竞争力。在一个越来越注重个性化和差异化的市场中，能够提供符合个人需求和偏好的产品的企业更容易吸引和保留客户。个性化产品也有助于品牌建立独特的市场地位，与竞争对手区分开来。通过提供个性化的产品，企业可以展示其对消费者需求的关注和对市场趋势的敏锐洞察。这不仅提高了品牌的市场认知度，还增加了消费者对品牌的忠诚度。

个性化产品设计直接响应消费者的具体需求，从而大大提高了消费者的满意度。当产品能够精准地满足消费者的期望时，它们更有可能成为消费者生活中不可或缺的一部分。满意的消费者更有可能成为忠实的品牌支持者。个性化产品不仅满足了他们的需求，还传达了品牌关注并理解消费者的信息。这种情感联系有助于建立长期的客户关系，对于品牌的长期成功至关重要。

（二）设计创新性

在个性化定制产品设计领域，设计创新性扮演着至关重要的角色。随着市场上对个性化和定制化产品需求的增加，传统的设计方法和思维模式已无法满足日益多样化的消费者需求。设计创新性不仅关乎美学和功能的创新，更涉及对消费者深层次需求的理解和满足。为满足独特的客户需求，设计师需要在创意思维和技术应用上不断突破传统界限。这要求设计师不仅要有敏锐的市场洞察力，还需要掌握最新的设计工具和方法，以及对目标消费者群体有深入的理解。

在个性化产品设计过程中，尝试新的设计思路和方法是必不可少的。这意味着设计师需要跳出传统框架，探索创新的设计理念和技术，从而创造出既符合功能性要求又具有个性化特色的产品。创新的设计方法使设计师能够创造出具有差异化特点的产品。这些产品不仅能够更好地满足特定市场的需求，还能在竞争激烈的市场中脱颖而出。

设计师在个性化产品设计中应积极运用最新的设计理念和材料技术。这包括探索新型材料、采用先进的制造技术，甚至结合数字化和智能化元素，为产品设计增添新的维度。通过运用这些新技术和材料，设计师可以大大提升产品的创新性和市场竞争力。创新材料和技术的应用不仅能够提升产品的功能性和美观性，还能够提供独特的用户体验。

设计师需要密切关注市场趋势，以确保自己的设计能够符合市场需求和预期。了解当前的设计流行趋势、消费者行为和市场需求可以帮助设计师做出更有针对性的设计决策。通过紧跟市场趋势，设计师能够在产品设计中融入最新的元素和理念，增强产品的市场吸引力。这种对趋势的敏感性是设计创新性的重要组成部分。

（三）生产过程的复杂性

在个性化定制产品设计中，生产过程呈现出显著的特点和挑战。与传统批量生产相比，个性化定制产品设计往往涉及较为复杂的生产过程，要求生产过程能够灵活适应各种不同的客户需求，需要对生产线进行灵活调整以适应不同的定制需求。这种生产模式的复杂性体现在对产品设计的快速调整、不断变化的生产计划以及对个性化生产要求的适应等方面。在个性化定制生产中，灵活性和调整能力成为核心要求。生产线需要能够快速响应设计的变化，同时保持高效和精准。这要求生产过程能够在短时间内从一个产品配置转换到另一个，同时保持成本效率和产品质量。

柔性制造系统(FMS)在个性化定制产品的生产中扮演着关键角色。它允许生产线在不同产品设计之间快速转换，同时最小化需要进行的调整。FMS能够实现高度的自动化和可编程性，使得生产线能够轻松应对各种定制需求。柔性制造系统的主要优势在于其高度的适应性。无论面对何种尺寸、形状或功能要求的产品，FMS都能够提供有效的生产解决方案，确保生产过程的连续性和一致性。

在个性化定制产品生产中，数控机床和其他先进的制造技术发挥着至关重要的作用。这些技术提供了高度的精度和重复性，这是满足个性化需求的关键。数控机床允许对生产工艺进行精确控制，适应复杂和多样化的设计要求。通过采用这些先进技术，生产过程的灵活性和效率得到显著提升。这些技术使得生产线能够快速调整，以适应不同设计的需求，同时保持生产效率和降低成本。

为了确保个性化定制产品生产的顺利进行，建立一个高效的生产过程管理体系是至关重要的。这个体系需要能够处理复杂的生产任务，同时保证生产的灵活性和效率。通过有效的生产过程管理，企业能够确保各个生产环节协调一致，从订单处理到生产排程，再到最终的产品交付。高效的管理体系还能够帮助企业减少浪费、优化资源分配，并提高生产过程的透明度。

为应对生产过程的复杂性，企业需要采取创新的策略和技术。这包括采用自动化技术、提高生产过程的模块化程度，以及利用先进的软件工具进行生产规划和管理。通过这些策略和技术创新，企业不仅能够提升产品质量，还能更好地满足客户的个性化需求。这种对生产过程的优化有助于提升企业的市场竞争力，同时增加客户的满意度和忠诚度。

（四）响应速度要求较高

在个性化定制产品设计中，设计师快速准确地理解消费者需求是至关重要的。这一过程不仅涉及对消费者需求的直接把握，还包括了解消费者的生活方式、偏好和期望。快速理解这些需求是确保设计方案与消费者期望一致的前提。设计师需要具备强大的沟通和协作能力，以便能够与消费者及生产团队有效交流。通过有效的沟通，设计师可以迅速收集反馈信息，调整设计方案，以确保设计满足消费者的具体需求。协作能力使设计师能够与多个部门和团队合作，确保设计方案的顺利实施。

个性化定制产品的生产要求原材料和零部件的及时供应，因此，建立一个高效的供应链管理体系对于确保生产过程的连续性和高效性至关重要。这个体系需要能够灵活应对各种生产需求的变化，同时保持成本效率。高效的供应链管理体系能够确保所有必要的原材料和零部件按时到达生产线。这包括与供应商的紧密合作、库存管理的优化，以及运输和物流的有效安排。

为满足市场对快速响应的需求，个性化定制产品需要能够在短时间内生产和交付。这要求企业采用高效的生产技术，如自动化和数控制造，以及灵活的生产调度系统。同时，快速的生产流程还需要得到适当的物流支持，以确保产品能够及时到达消费者手中。通过这些策略，企业可以大大缩短产品从设计到交付的周期，从而更好地满足市场对快速响应的需求。快速生产和交付对于保持市场竞争力和消费者满意度至关重要。

为提高响应速度和效率，优化设计和生产流程是必不可少的。这包括简化设计流程，采用快速原型制作和模块化设计，以及优化生产流程，如精益生产和及时制造。通过流程优化，企业能够显著减少产品设计和生产所需的时间。这不仅提高了生产效率，也缩短了产品上市的时间，从而更快地响应市场变化和消费者需求。

为了持续提高响应速度，企业需要不断地对设计和生产流程进行评估和改进。这可能涉及采用新的技术、改善工作流程,或者加强员工培训和团队协作。持续的流程改进不仅能够在短期内提高生产效率,还能够长期增强企业的市场竞争力。通过不断优化流程,企业能够更快地适应市场变化,满足消费者的不断演变的需求。

（五）协同创新

个性化定制产品设计需要企业与消费者、供应商等多方的紧密协作。在设计过程中,设计师必须充分听取并理解消费者的意见和建议,这不仅涉及产品的功能性和美观性,还包括消费者的生活习惯、偏好和期望。通过这种深入的交流,设计师能够更准确地把握消费者需求,从而创造出更符合市场和个人需求的产品。消费者的反馈对于完善设计方案至关重要。设计师通过消费者的直接反馈可以不断调整和改善设计,确保最终产品能够满足消费者的具体需求。这种持续的互动有助于增强产品的吸引力,提高市场竞争力。

设计师与供应商的密切沟通对于确保个性化定制产品的成功至关重要。供应商提供的材料和工艺不仅影响产品的质量,还可能影响设计的实现。因此,设计师需要与供应商保持密切沟通,以确保所选材料和工艺能够满足设计要求,同时符合成本和时间的要求。设计师通过与供应商的沟通可以确保所需材料和工艺的可用性和适用性。这包括对材料的性能、质量和可持续性的考虑,以及工艺的创新和效率。

多方协同创新是个性化定制产品设计的关键。这种协作方式汇集了不同方面的专业知识和资源,从设计师到供应商,再到最终的消费者。通过这种协作,设计师可以更全面地考虑产品设计的各个方面,从而创造出既创新又实用的产品。多方协同创新有助于提高产品的市场竞争力。通过集成不同方的见解和专长,产品设计不仅能够更好地满足市场需求,还能够引入新的创意和技术,使产品在市场上更具吸引力。

在个性化定制产品设计中,企业内部的跨部门协作也是成功的关键。这涉及设计、生产、采购、市场等不同部门的密切合作。通过建立有效的沟通渠道和协作机制,可以确保从设计到生产的每个环节都高效顺畅。跨部门的协作有助于加速产品开发的过程。这种内部协作确保了快速的决策和问题解决,从而缩短产品从概念到上市的时间。

技术和信息共享是协同创新中不可或缺的一部分。共享最新的技术信息和市场数据可以帮助设计团队更好地理解当前的技术趋势和市场需求。这种共享不仅提高了设计的相关性,也促进了创新思维的发展。共享资源可以促进更高效和创新的产品开发。通过利用共享的技术和信息,设计团队可以更快地实现创意,同时减少重复劳动和资源浪费。

在整个设计和生产过程中,持续的协作和反馈循环至关重要。这种持续的互动确保了设计方案能够及时调整和优化,以满足市场和消费者的实际需求。持续的反馈和改进有助于提升产品质量和满足消费者需求。这种持续改进的过程不仅提高了产品的成功率,也有助于建立和维护企业与消费者之间的长期关系。

个性化定制产品设计具有高度个性化、设计创新性、生产过程复杂性和响应速度要求较高等特点。为应对这些特点带来的挑战,企业需要不断提高设计师的创新能力、采用先进的设计工具和技术、优化设计和生产流程、实现成本控制,以及加强与消费者、供应商等多方的协同创新。通过这些努力,企业可以成功实现个性化定制产品设计,满足消费者的个性化需求,提高产品的市场竞争力。

二、挑战

(一)需求理解与捕捉

个性化定制产品设计的第一个挑战是如何准确理解和捕捉消费者的个性化需求。这需要设计师具备较强的市场调研能力、沟通能力和洞察能力。在市场调研阶段,设计师需要通过问卷调查、访谈、数据分析等手段收集潜在用户的需求、市场趋势和竞争对手的产品信息。此外,设计师还需要与消费者保持密切沟通,充分了解消费者的使用场景、喜好和期望,以便将这些信息转化为具体的设计要求。

在个性化定制产品设计中,设计师进行市场调研是不可或缺的。市场调研不仅提供了关于消费者需求和偏好的关键信息,还帮助设计师了解市场趋势和竞争环境。这一过程确保了设计方案的市场相关性和实用性。市场调研阶段涉及多种活动,包括问卷调查、访谈和数据分析。问卷调查可以收集大量消费者的反馈,访谈则能深入挖掘个别用户的详细见解,而数据分析有助于识别市场趋势和用户行为模式。这些活动结合起来为设计师提供了全面的市场视角。

设计师在捕捉需求过程中的沟通技巧至关重要。有效的沟通不仅有助于精确理解消费者的需求,还有助于建立消费者的信任和满意度。设计师需要通过清晰、准确和敏感的沟通方式来确保信息的准确传达和接收。设计师通过有效的沟通可以更好地理解消费者需求。这包括倾听技巧、提问技巧以及非言语沟通技巧。设计师通过这些技巧能够获得深入的见解,这对于形成符合消费者期望的设计方案至关重要。

设计师的洞察能力在理解消费者需求中发挥着重要作用。这种能力使设计师能够预见消费者的未表达需求和潜在问题,从而提前在设计中加以考虑。设计师可以通过持续的学习和实践来培养和提高自己的洞察能力。这包括对市场动态的持续关注、对消费者行为的深入研究,以及通过实际设计项目积累经验。

设计师应采用多种手段收集潜在用户的需求信息。这些手段可以包括在线调研、社交媒体分析、焦点小组讨论等。不同的方法能够提供不同角度的信息,有助于构建全面的需求图像。潜在用户需求信息对于制定设计策略至关重要。这些信息帮助设计师了解哪些方面对消费者最为重要,从而指导设计重点和方向。

对市场趋势的了解对于设计过程至关重要。这些信息帮助设计师把握市场发展方向,预测未来可能的需求变化。竞争对手的产品分析有助于设计师了解市场上已有的解决方案和潜在的改进空间。这种分析有助于设计师在创新上保持领先。

与消费者的密切沟通对于个性化定制产品设计至关重要。设计师通过持续的沟通能够及时获取反馈,对设计方案进行必要的调整。设计师应利用消费者反馈来调整和改进设计方案。这种反馈可以来源于原型测试、客户评价或市场反馈。

设计师必须将消费者的需求和偏好转化为具体的设计要求。这涉及对需求的深入分析,确定哪些需求是设计中的关键元素。需求转化为设计要求的过程对于创造有针对性的产品设计至关重要。这确保了设计方案能够精准地满足消费者的具体期望。

(二)设计方案生成

在个性化定制产品设计领域中,设计师需要具备一系列多元能力。这包括但不限于创新能力、技术知识和审美观念。创新能力使设计师能够提出独特的设计解决方案,技术知识帮助他们理解和应用最新的制造技术,而审美观念则确保产品设计既美观又符合市场趋势。这些多元能力共同帮助设计师在满足个性化需求的同时保持产品的实用性和吸引力。例如,创新能力可以引导设计师探索未被满足的市场需求,而技术知识和审美观念则确保这些创新设计既可实施又具有市场吸引力。

设计师在个性化定制产品设计中应综合运用多种设计方法。这包括模型构建、草图绘制、计算机辅助设计(CAD)等。这些方法各有所长,能够在不同阶段和方面助力设计过程。例如,草图绘制在初期设计阶段快速捕捉和表达想法,模型构建则有助于理解产品的三维形态和空间布局,而 CAD 工具则能精确调整和完善设计细节。这些方法共同使设计师能够快速生成、修改并优化设计方案。

设计师在个性化定制产品设计中面临的一大挑战是如何在创新性和实用性之间找到平衡。这要求设计师不仅要勇于尝试新思路,还要确保设计的可实施性和市场适应性。设计师应在设计过程中将新的设计理念融入实用的产品设计中。例如,他们可以探索新的材料或工艺来增加产品的功能性或美观性,同时确保这些新元素的成本效益和市场接受度。

设计师通过探索新材料和新生产工艺可以为个性化定制产品带来更多的创新性和差异化。这些新尝试可以使产品脱颖而出,满足消费者对独特性和个性化的追求。新材料和新生产工艺的应用不仅增加了产品的创新性,还可能改善产品的性能和外观。这对于提升产品的市场竞争力至关重要。

在设计评估过程中,设计师需要考虑多个方面,包括成本、生产可行性和市场接受度。这一评估过程确保设计方案在理想与现实之间保持平衡。设计方案往往需要经过多次迭代才能达到最终形态。这个过程中,设计师会根据反馈和测试结果不断调整和完善设计,以满足实际的功能性、美观性和市场需求。

设计师需要持续关注最新的技术进展和市场趋势。这不仅有助于他们保持设计的前瞻性，还能确保设计方案的长期可行性和竞争力。持续的技术和市场研究有助于设计师预测未来的发展趋势和市场需求，从而使他们的设计方案更具前瞻性和市场适应性。

（三）成本控制

在个性化定制产品设计中，成本控制是一个核心因素。设计师在制订设计方案时，必须考虑到各种成本因素，包括材料、制造和物流等。这些成本考虑对于确保产品在市场上的竞争力和经济可行性至关重要。设计师面临的挑战是在保持设计的创新性和独特性的同时，实现成本效益。这要求设计师在设计过程中寻找创新和成本之间的平衡点，确保设计方案既吸引人又经济实惠。

设计师在设计中必须考虑生产工艺的限制。这包括了解不同生产方法的成本效益、技术可行性以及对设计的限制。正确的生产工艺选择对于保持产品成本在合理范围内至关重要。生产工艺的选择直接影响设计的实现性和最终成本。设计师需要评估不同生产选项，确保所选工艺既能实现设计意图，又能控制生产成本。

选择合适的材料对于控制产品成本至关重要。设计师需要寻找那些成本效益高且易于获得的材料，同时考虑这些材料的性能和美观性。材料的选择不仅影响产品的成本，还影响产品的质量和外观。设计师需要权衡材料的成本效益和对产品整体质量的贡献。

与供应商密切合作是降低成本的有效策略。通过与供应商建立长期合作关系，设计师可以利用量产优势和采购策略来降低原材料和组件的成本。通过量产优势和优化的采购策略，企业可以实现规模经济，从而降低单位产品的成本。这些策略需要设计师和供应链管理团队的紧密协作。

引入智能化生产设备可以显著提高生产效率和质量，同时降低成本。这些设备能够减少浪费、提高生产速度，并保证产品质量的一致性。智能化设备通过自动化和优化的生产流程，减少了人工错误和物料浪费，从而降低生产成本。

优化生产流程是降低成本的关键。这包括简化生产步骤、减少不必要的工序和采用更有效的生产技术。通过精益生产和持续的流程改进，企业可以减少不必要的成本支出，同时提高生产效率。在整个设计和生产过程中持续监控成本至关重要。这有助于及时发现成本超支，并采取相应措施进行调整。通过持续的成本监控和管理，企业可以更有效地控制成本，确保产品的市场竞争力。

(四)生产过程管理

在个性化定制产品设计中，敏捷生产理念发挥着至关重要的作用。这一理念强调的是快速响应市场变化，以及生产过程的灵活性和适应性。敏捷生产允许企业迅速调整其生产线以应对不断变化的客户需求，特别是在个性化产品的制造过程中。通过实施敏捷生产，企业能够显著提升其生产过程的灵活性和效率。这包括减少生产准备时间、优化库存管理以及对客户定制需求做出快速反应的能力。敏捷生产使得企业能够更快地交付产品，同时降低与生产相关的成本。

为适应多样化的产品需求，建立灵活的生产线至关重要。这意味着生产设施和流程需要能够快速适应不同产品的制造。灵活的生产线可能包括模块化的设备布局、多功能的生产设备以及快速更换工具的能力。灵活的生产线使企业能够更有效地应对市场需求的变化。这种生产线的设计允许快速切换不同的产品制造，无论是批量生产还是单件定制，都能高效应对。

自动化和智能化技术是提高生产效率的关键。这些技术包括机器人技术、计算机辅助制造(CAM)以及实时数据分析。它们可以提高生产速度、减少错误并优化生产流程。通过引入先进的自动化和智能化技术，企业可以实现生产过程的显著优化。这些技术的应用不仅提高了生产效率，还提升了产品的质量和一致性。

有效的生产计划和调度机制对于确保生产资源的合理分配和高效利用至关重要。这包括对生产需求的准确预测、资源的优化配置以及生产任务的合理安排。通过精心规划和调度，企业可以确保每个生产环节都得到足够的资源支持，从而避免资源浪费和生产瓶颈。

在个性化定制产品的生产过程中，质量控制尤为重要。这要求企业实施严格的质量检验流程，确保每一件产品都符合既定的标准和客户期望。为了确保按时交付，企业需要实施有效的生产进度监控。这包括对生产进度的实时追踪，以及在必要时进行调整以保证交货期限。

持续改进生产流程对于提高生产效率和产品质量至关重要。企业应该持续寻找改进的机会，无论是在生产技术、流程优化还是在员工培训方面。通过持续改进，企业能够不断提升生产效率，降低成本，同时提高产品的质量和客户满意度。

第四节 人工智能的基本原理与技术

一、人工智能技术概述

人工智能(artificial intelligence，AI)指的是研究、开发和应用一系列理论、方法和技术，使计算机系统具有模拟、延伸和扩展人类智能的能力的科学。人工智能旨在使计算机能够执行传统上需要人类智能才能完成的任务，如学习、推理、知识表达、感知、交流、计划和解决问题等。

人工智能的发展历程可以追溯到20世纪40年代，当时图灵提出了“图灵测试”作为评价机器是否具备智能的标准。自此，人工智能经历了多次发展高潮和低谷，分为几个阶段。第一个阶段(20世纪50—60年代)，以符号主义和逻辑理论为主导，产生了众多经典的人工智能系统，如Eliza、GPS等。第二个阶段(20世纪70—80年代)，研究重点转向知识表示和专家系统，如MYCIN等。第三个阶段(20世纪90年代—21世纪)，开始关注统计学习、优化算法和计算智能等方面，涌现出许多新领域，如遗传算法、神经网络、支持向量机等。进入21世纪，尤其是近十年来，深度学习技术的突破使得人工智能实现了前所未有的快速发展，广泛应用于计算机视觉、自然语言处理、推荐系统、无人驾驶等众多领域。

在各领域的应用现状方面，人工智能已经取得了显著成果。以下是一些主要领域的应用情况：

计算机视觉：通过深度学习技术，人工智能已经在图像识别、目标检测、图像生成等方面取得了重大突破，使得计算机能够自动识别图像中的物体、场景和特征，广泛应用于安防、医疗影像、无人驾驶等领域。

自然语言处理：人工智能在自然语言处理领域取得了显著的进展，涉及语音识别、机器翻译、情感分析、信息检索等任务。如今，我们可以在智能手机、语音助手等设备上使用人工智能技术进行语音交互和实时翻译。

推荐系统:人工智能在推荐系统领域的应用为企业和用户提供了高度个性化的服务和体验。通过对用户行为、兴趣和偏好的分析,人工智能可以实现精准的内容推荐、广告投放和产品推荐,从而提高用户满意度和企业收益。如今,电商平台、社交媒体和在线视频网站等领域都广泛应用了推荐系统技术。

无人驾驶:人工智能在无人驾驶领域的应用已经取得了显著成果,包括环境感知、路径规划、车辆控制等任务。通过利用计算机视觉、激光雷达、传感器等技术,无人驾驶系统可以实时感知周围环境、识别交通信号和障碍物,并自动进行行驶和避障。目前,无人驾驶技术已经在物流、出行、农业等领域得到了广泛应用。

机器人技术:人工智能在机器人技术领域的发展使得机器人具备了更高的自主性、学习能力和交互能力。如今,服务机器人、工业机器人、家庭机器人等已经广泛应用于医疗、制造、家居等领域,实现了自动化和智能化的生产和生活。

金融科技:人工智能在金融科技领域的应用涉及信贷评估、风险控制、投资分析等任务。通过大数据分析、机器学习等技术,金融机构可以实现对用户信用状况、市场风险和投资机会的精准评估,从而提高金融服务的效率和质量。

二、机器学习与深度学习

(一)机器学习

机器学习是一门研究如何让计算机通过数据自动学习和改进的科学。机器学习的目标是使计算机能够在没有明确编程的情况下学习。机器学习方法可以分为监督学习、无监督学习和强化学习。

1.监督学习

监督学习是机器学习中最常见的学习方式,它需要给定一组标记的训练样本,每个样本都由一个输入对象和一个期望的输出值组成。监督学习的目标是训练一个模型,使其能够对未知的输入数据进行预测。常见的监督学习算法包括线性回归、逻辑回归、支持向量机、决策树、随机森林、神经网络等。

2.无监督学习

无监督学习不需要给定标记的训练样本，而是通过分析输入数据的结构和特征来学习模型。无监督学习的目标是发现数据中的隐藏模式和结构。常见的无监督学习算法包括聚类、降维、密度估计、自编码器等。

3.强化学习

强化学习是一种通过与环境交互来学习的方法，其目标是学习一个策略，使得在与环境交互过程中获得的累积奖励最大化。强化学习的主要特点是不依赖于标记数据和明确的监督信号，而是通过试错、观察和调整来学习。常见的强化学习算法包括 Q-learning、SARSA、Deep Q-Network、Actor-Critic 等。

（二）深度学习

深度学习是机器学习的一个子领域，主要研究利用神经网络模型进行数据表示学习和特征提取。深度学习模型的核心是利用多层神经网络结构来表示数据的抽象层次和特征，从而实现复杂任务的学习和预测。常见的深度学习技术包括卷积神经网络（CNN）、循环神经网络（RNN）、生成对抗网络（GAN）等。

1.卷积神经网络

CNN 是一种专门用于处理具有类似网格结构的数据（如图像、视频等）的深度学习模型。CNN 的基本结构由卷积层、激活函数层、池化层和全连接层组成。卷积层通过卷积操作提取局部特征，激活函数层增加非线性变换以提高模型的表达能力，池化层降低数据维度并保留关键信息，全连接层将特征融合并输出最终结果。CNN 具有平移不变性、参数共享等特点，适用于处理大规模高维数据。

2.循环神经网络

RNN 是一种适用于处理序列数据（如时间序列、文本、语音等）的深度学习模型。RNN 的特点是具有循环连接，使得网络能够在处理序列数据时捕捉到时间上的依赖关系。然而，传统 RNN 存在长程依赖问题，即在处理长序列数据时，难以捕捉到较远时间步的信息。为了解决这个问题，研究者提出了长短时记忆网络（LSTM）和门控循环单元（GRU），它们通过特殊的门结构有效地缓解了长程依赖问题。

3. 生成对抗网络

GAN 是一种通过对抗过程进行生成式建模的深度学习框架。GAN 包括生成器和判别器两部分，生成器负责生成数据，判别器负责判断生成的数据是否真实。在训练过程中，生成器和判别器互相对抗以提高各自的性能。生成器试图生成更逼真的数据以欺骗判别器，而判别器则试图更准确地区分真实数据和生成数据。最终，当判别器无法区分生成数据和真实数据时，生成器完成了学习过程。GAN 在图像生成、图像编辑、风格迁移等任务中表现出优越的性能。

机器学习和深度学习为处理复杂任务提供了有效的方法。在个性化定制产品设计中，利用这些技术可以帮助理解用户需求、生成创新设计方案、优化生产过程等，从而提高设计效率和质量。

三、自然语言处理

自然语言处理（natural language processing，NLP）是人工智能和计算机科学、语言学的交叉领域，旨在实现人与计算机之间通过自然语言进行有效沟通。自然语言处理的研究涉及多个层次，包括语音识别、词汇分析、句法分析、语义理解和文本生成等。借助自然语言处理技术，计算机可以理解、解释和生成人类语言，实现自然语言文本的挖掘、分析和利用。以下是自然语言处理的一些主要技术及其应用。

（一）词汇分析

词汇分析是自然语言处理的基本任务之一，主要包括分词、词性标注、命名实体识别等。分词是将文本切分为词汇单元的过程，对于许多自然语言处理任务来说，分词是预处理的关键步骤。词性标注是为每个词汇单元分配一个词性类别，如名词、动词、形容词等，这有助于理解词汇在句子中的语法功能。命名实体识别旨在识别文本中的实体，如人名、地名、机构名等，为实体关系抽取、知识图谱构建等任务提供基础。

（二）句法分析

句法分析关注句子的语法结构，包括依存句法分析和成分句法分析。依存句法分析旨在确定句子中词汇之间的依存关系，如主谓关系、动宾关系等。成分句法分析则关注句子的成分结构，例如名词短语、动词短语等。句法分析为语义分析和文本生成提供了有价值的结构信息。

（三）语义理解

语义理解关注文本的意义表示和推理，包括词义消歧、语义角色标注、指代消解等。词义消歧旨在确定多义词在特定上下文中的正确含义。语义角色标注是标注句子中谓词及其论元（如主语、宾语等）之间的语义关系。指代消解则关注识别文本中的指代关系，如代词和它们所指代的实体之间的关系。语义理解有助于提取文本中的关键信息，支持问答、信息检索等任务。

（四）文本生成

文本生成是自然语言处理的高级任务之一，旨在基于输入信息生成自然语言文本。文本生成包括机器翻译、文本摘要、问答系统、对话系统等应用。机器翻译是将一种自然语言转换为另一种自然语言的过程，如将英语翻译成中文。文本摘要则关注从长文本中提取关键信息，生成简洁、易于理解的摘要。问答系统通过理解用户提出的问题并从知识库中检索相关信息，生成合适的回答。对话系统则旨在实现人与计算机之间的自然语言对话，包括任务型对话和闲聊型对话。

（五）情感分析

情感分析是识别和提取文本中的情感信息，如情绪、观点、评价等。情感分析可应用于品牌声誉监测、舆情分析、产品评论分析等场景。情感分析的方法包括基于词典的方法、基于机器学习的方法和混合方法。基于词典的方法通过使用情感词典来评估文本的情感，而基于机器学习的方法则利用大量带有情感标签的数据进行训练。混合方法则结合了词典和机器学习的优点，以提高情感分析的性能。

（六）语言模型

语言模型是衡量自然语言序列概率的模型，可用于文本生成、文本分类、文本摘要等任务。传统的语言模型主要包括 N-gram 模型、隐马尔可夫模型(HMM)等。近年来,神经网络(如循环神经网络、长短时记忆网络等)语言模型已经成为主流方法。Transformer 结构及其衍生模型(如 BERT、GPT 等)在许多自然语言处理任务上取得了显著的性能提升。

通过以上技术,自然语言处理在文本分析、机器翻译、情感分析等方面取得了重要的应用。随着人工智能技术的不断进步,自然语言处理将在更多领域展现出巨大的潜力和价值。

四、计算机视觉

计算机视觉是人工智能的一个子领域,旨在使计算机能够理解和处理来自视觉世界的信息。计算机视觉涉及的技术包括图像处理、特征提取、目标检测与识别等。计算机视觉在许多领域都有广泛的应用,包括产品设计、医学图像分析、无人驾驶、安防监控等。

(一)图像处理

图像处理是计算机视觉的基础,主要包括图像预处理、图像增强、图像分割等。图像预处理是对原始图像进行处理以去除噪声、调整亮度和对比度等。图像增强是通过改善图像的视觉效果或突出感兴趣区域来提高图像质量。图像分割是将图像划分为不同的区域,以便于后续处理和分析。常用的图像处理方法包括滤波、直方图均衡化、边缘检测等。

(二)特征提取

特征提取是将图像转化为可供计算机理解的数学表示。特征提取方法可分为传统方法和深度学习方法。传统方法包括 SIFT(尺度不变特征变换)、SURF(加速稳健特征)、HOG(方向梯度直方图)等。深度学习方法主要指卷积神经网络(CNN),通过训练 CNN 模型自动学习图像中的特征表示。

(三)目标检测与识别

目标检测是识别图像中的感兴趣目标,并给出其位置信息;目标识别是确定目标的类别。目标检测与识别方法可分为传统方法和深度学习方法。传统方法包括基于滑动窗口的方法、基于区域提议的方法等。深度学习方法主要包括 R-CNN(区域卷积神经网络)、YOLO(实时目标检测)、SSD(单次多框检测)等。

(四)三维建模与重建

三维建模与重建是从二维图像或者多视角图像中恢复三维几何信息。常用方法包括立体视觉、结构光、光场成像等。立体视觉通过匹配不同视角的图像来估计三维坐标。结构光通过投射已知的光束模式到场景中,然后通过观察光束在物体表面的形变来恢复三维信息。光场成像通过获取光场信息,实现对物体的三维重建。

五、计算机视觉在产品设计领域的应用

(一)产品外观设计

通过计算机视觉技术,可以实现对产品外观的快速设计与优化。例如,利用生成对抗网络(GAN)生成各种可能的外观设计方案,然后通过深度学习模型对这些方案进行评估和筛选,从而提高设计效率和质量。

(二)用户体验评估

计算机视觉技术可以用于分析用户在使用产品过程中的表情和姿态,从而评估产品的可用性和用户体验。例如,通过人脸识别和表情识别技术,可以实时捕捉用户在使用产品时的情绪变化;通过姿态识别技术,可以分析用户在操作产品时的手势和动作。

(三)产品功能测试

计算机视觉技术可以用于自动化产品功能测试。例如,通过目标检测和识别技术,可以自动判断产品的组装质量和工艺水平;通过三维建模与重建技术,可以实现对产品的形状、尺寸等参数的精确测量。

(四)设计协同与沟通

计算机视觉技术可以辅助设计师进行远程协作和沟通。例如,通过虚拟现实(VR)和增强现实(AR)技术,设计师可以实时查看和修改产品模型,

以及与其他设计师进行实时交流和讨论。

（五）产品展示与营销

计算机视觉技术可以提升产品的展示效果和营销效果。例如，通过三维渲染技术，可以生成逼真的产品图像和动画；通过虚拟现实（VR）和增强现实（AR）技术，可以让消费者更直观地了解产品的功能和特点。

计算机视觉技术在产品设计领域具有广泛的应用前景。通过将计算机视觉技术与其他人工智能技术（如机器学习、自然语言处理等）相结合，可以进一步提升产品设计的智能化水平，实现更高效、更精确、更具创新性的产品设计。

六、人机交互

人机交互（human-computer interaction, HCI）是计算机科学和工程领域的一个分支，主要研究人类与计算机系统之间的交互过程，以及如何设计和实现易于使用、高效且满足用户需求的交互界面。本小节将介绍人机交互的基本概念、设计原则与技术，并探讨在产品设计中如何实现有效的人机交互。

（一）基本概念

人机交互涉及计算机科学、认知心理学、人类工程学、设计学等多个学科领域，旨在研究和设计人类与计算机系统之间的交互方式，以提高系统的可用性、易用性和用户满意度。人机交互的核心问题包括：

用户需求分析：理解用户的需求和期望，确定交互系统的功能和性能目标。

交互设计：设计直观、易用、高效且符合用户认知规律的交互界面和交互方式。

系统实现：将交互设计转化为具体的软件和硬件实现，确保系统性能满足设计目标。

评估与优化：通过用户测试和评估，对交互系统进行优化和迭代，以满足用户的期望和需求。

(二)设计原则

人机交互设计遵循一些基本原则,以确保交互系统易于使用、高效且符合用户认知规律。这些原则包括:

直观性:交互界面和交互方式应该容易理解,用户应该能够在没有任何指导的情况下快速上手。设计应遵循一致性原则,采用用户熟悉的符号、术语和操作方式。

可学习性:交互系统应该具有良好的可学习性,用户可以通过实践和经验逐步掌握系统的使用方法。设计应提供清晰的操作指南和反馈机制,帮助用户学习和掌握系统功能。

效率:交互系统应该支持用户高效地完成任务,设计应简化操作流程,减少用户的认知负担和操作错误。设计应提供快捷方式和自定义选项,以符合不同用户的使用习惯和需求。

反馈:交互系统应提供及时、清晰的反馈,让用户了解系统的状态和执行结果。设计应采用多种反馈方式(如视觉、声音和触觉反馈),以帮助用户判断操作是否成功并进行相应的调整。

容错性:交互系统应具有良好的容错性,能够应对用户的操作失误和异常情况。设计应提供撤销、恢复和错误提示功能,帮助用户纠正错误并重新开始。

用户控制和自由:交互系统应充分尊重用户的控制权和自由选择,让用户能够按照自己的意愿和节奏进行操作。设计应避免强制性的操作流程和过度的干预,为用户提供多种选择和自定义选项。

易于使用和满足多样性:交互系统应适应不同用户的使用习惯和需求,包括不同年龄、文化背景、技能水平和认知能力的用户。设计应考虑多样性和包容性,确保所有用户都能够方便地使用系统。

(三)技术与应用

人机交互技术涉及多个方面,包括界面设计、交互模式、输入输出设备、认知模型等。这些技术在产品设计领域具有广泛的应用价值,可以帮助设计师更好地理解用户需求,设计更符合用户认知规律的产品。以下是一些在产品设计领域应用的人机交互技术:

界面设计:界面设计是人机交互的核心环节,包括视觉设计、布局设计、导航设计等。在产品设计中,良好的界面设计可以提高用户的使用体验,增强产品的市场竞争力。

交互模式:交互模式是用户与系统之间信息交流的方式,包括指令式交互、直接操作交互、手势交互等。在产品设计中,合适的交互模式可以使用户更方便地操作和控制产品,提高使用效率。

输入输出设备:输入输出设备是用户与系统之间信息传递的媒介,包括触摸屏、键盘、鼠标、语音识别等。在产品设计中,多样化的输入输出设备可以适应不同用户的操作习惯和使用场景,提高产品的适应性。

认知模型:认知模型是描述用户思维和行为规律的理论模型,包括记忆模型、知识结构模型、问题解决模型等。在产品设计中,认知模型可以帮助设计师更好地理解用户的需求和心理特点,优化设计方案。

用户研究和评估:用户研究和评估是人机交互设计的重要环节,包括用户访谈、问卷调查、实验室测试等方法。在产品设计中,用户研究和评估可以帮助设计师发现潜在问题,优化设计方案,提高产品的满意度和使用体验。

在产品设计领域,人机交互技术的应用可以提高设计质量,满足用户需求,增强产品竞争力。以下是一些人机交互技术在产品设计中的典型应用:

智能家居:智能家居产品需要提供直观、易用的交互界面和操作方式,以便用户能够快速上手和高效使用。人机交互技术在智能家居设计中的应用,如语音控制、手势识别等,可以大大提高用户体验。

车载信息系统:车载信息系统需要满足驾驶员在行驶过程中的信息获取和操作需求,因此交互设计尤为重要。人机交互技术在车载信息系统设计中的应用,如触摸屏界面、语音控制等,可以提高驾驶员的操作便利性和安全性。

医疗设备:医疗设备的使用者通常具有专业背景,因此交互设计需要满足专业人士的使用需求和操作习惯。人机交互技术在医疗设备设计中的应用,如定制化界面、快捷操作方式等,可以提高医生和护士的工作效率。

虚拟现实和增强现实:虚拟现实(VR)和增强现实(AR)技术为用户提供沉浸式的交互体验,因此交互设计具有很高的要求。人机交互技术在VR/AR产品设计中的应用,如头部追踪、手势识别等,可以提高用户在虚拟环境中操作的自然性和舒适度。

综上所述，人机交互技术在产品设计领域具有广泛的应用价值。通过遵循人机交互设计原则和运用相关技术，设计师可以更好地满足用户需求，提高产品的易用性和用户满意度。在未来，随着人工智能技术的不断发展和普及，人机交互技术在产品设计领域的应用将进一步拓展和深化。

第五节　人工智能在产品设计中的应用历程

本节将从人工智能在产品设计领域的早期应用、技术发展和当代应用现状三个方面进行深入探讨，以期为理解人工智能技术在产品设计领域的发展脉络提供有益启示。

一、早期应用

在 20 世纪 70 年代至 90 年代，人工智能在产品设计领域的应用主要表现为基于知识的设计系统和专家系统等。以下将分别对这两种早期应用进行介绍，并分析其在当时设计实践中的局限性和挑战。

（一）基于知识的设计系统

基于知识的设计系统（knowledge-based design system，KBDS）主要利用预先定义的设计规则和原则来辅助设计师完成产品设计。这些系统将设计知识以规则、事实、约束等形式进行编码，通过推理引擎对设计问题进行分析和求解。虽然 KBDS 在一定程度上简化了设计过程，提高了设计效率，但其具有一定的局限性，主要表现在以下几点。

1. 知识获取与表示的困难

设计知识的获取和表示是 KBDS 面临的关键问题。由于设计知识往往难以量化，且涉及多种形式（如启发式知识、经验规则等），因此将这些知识整理为形式化的表示并非易事。

2. 缺乏学习能力

早期的 KBDS 主要依赖预先定义的知识进行推理，缺乏自我学习和适应的能力。这使得系统在面对新问题和变化的需求时表现出较大的局限性。

(二)专家系统

专家系统(expert system)是一种模拟人类专家解决问题的计算机程序,它可以利用领域知识和推理能力在特定领域进行问题求解。在产品设计领域,专家系统主要用于辅助设计师完成特定任务,如材料选择、结构优化等。然而,专家系统同样存在一些局限性和挑战。

1. 知识脆弱性

专家系统依赖于专家的知识和经验,这使得其在面对不同领域、不同问题时可能表现出知识脆弱性,难以灵活应对。

2. 维护成本高

随着领域知识的不断更新和发展,专家系统需要定期进行知识库的维护和更新,这将带来较高的维护成本。

二、人工智能技术的发展

近年来,人工智能技术取得了突飞猛进的发展,特别是深度学习、机器学习等技术的兴起,以及这些技术在计算机视觉、自然语言处理、语音识别等领域的突破性进展。

(一)深度学习

深度学习,作为人工智能领域的一种革命性技术,基于神经网络构建复杂的模型以模拟人类大脑的处理方式。这种方法的核心是使用多层的神经网络(通常称为深度神经网络)来学习和识别数据中的模式和特征。深度学习模型能够自动从原始数据中提取特征,这一点与传统的机器学习模型不同,后者通常需要人工设计特征。

深度学习的设计灵感来自人脑的结构和功能。人脑由数十亿个神经元组成,这些神经元通过突触连接并传递信号。在深度神经网络中,每个"神经元"是一个数学函数,负责接收输入、处理数据并产生输出。这些神经元被分层排列,每层对输入数据执行不同的转换和抽象,模仿大脑处理信息的方式。

深度学习的发展伴随着多种关键技术和算法的创新,如反向传播算法、卷积神经网络(CNN)和循环神经网络(RNN)。反向传播算法使网络能够通过调整内部参数来学习数据的复杂模式。CNN在图像处理领域表现出色，而RNN特别适合处理时间序列数据，如语音和文字。

近年来，深度学习在多个领域取得了显著的进步。这些突破不仅彻底改变了数据处理和分析的方式，还为各种实际应用提供了新的可能性。深度学习的转型和创新性质主要体现在以下几个方面：

(1)数据处理能力的显著提升：深度学习能够处理前所未有的大规模和复杂性数据，例如高分辨率图像和复杂的语音信号。

(2)自动特征提取：传统方法中需要手动设计的特征，在深度学习模型中可以自动学习和提取，大大减少了预处理工作。

(3)泛化能力的提高：深度学习模型在学习后能够更好地泛化到新数据，这对于实际应用至关重要。

图像识别是深度学习应用最成功和最广泛的领域之一。在图像识别方面，深度学习的最新进展包括使用更深更复杂的网络结构来提高识别准确性。例如，残差网络(ResNet)通过特殊的"跳跃连接"来训练更深的网络，而不会导致性能下降。图像识别的应用包括面部识别系统、医学图像分析以及自动驾驶车辆中的视觉系统。例如，医学图像分析中，深度学习技术能够帮助诊断疾病，识别肿瘤，提高诊断的准确性和效率。

(二)机器学习

机器学习是一种使计算机系统通过数据学习和改进性能的方法。它依赖于算法对数据集进行分析，以发现数据中的模式和关系。与传统编程不同，机器学习不需要为每个决策规则明确编程。相反，它通过数据"训练"模型，使模型能够自主做出决策或预测。

机器学习方法主要分为监督学习、无监督学习、半监督学习和强化学习。在监督学习中，算法从标记的训练数据中学习，预测新数据的输出。无监督学习处理未标记的数据，旨在发现数据中的隐藏结构。半监督学习和强化学习则介于两者之间，具有其独特的学习特性和应用场景。

监督学习和无监督学习的主要区别在于数据类型和应用目标。监督学习处理带有明确标签的数据，如分类和回归任务；而无监督学习处理未标记的数据，常用于聚类和关联规则学习。

分类算法是监督学习中的一种，旨在将数据分配到预定义的类别。常见的分类算法包括决策树、支持向量机(SVM)、随机森林和神经网络。这些算法在金融欺诈检测、疾病诊断等领域有着广泛的应用。

回归分析用于预测连续值的输出,如房价预测或股票价格分析。线性回归是最基础的回归方法,而更复杂的方法如逻辑回归和岭回归在处理大规模数据时表现更佳。

聚类是无监督学习的核心技术之一,用于将数据分组为多个子集或簇,使簇内的数据点彼此相似,而不同簇的数据点相异。K-均值聚类和层次聚类是常见的聚类算法。

在产品设计领域,数据分析能够揭示消费者偏好、市场趋势和设计优化点。机器学习算法通过分析大量的用户数据,帮助设计师理解市场需求和潜在的设计改进方向。机器学习可以通过预测市场反应、优化设计参数和自动化测试流程来改善产品设计。例如,通过分析用户反馈数据,机器学习模型可以预测哪些设计元素可能更受欢迎。

近年来,机器学习领域经历了快速的技术进步,特别是在深度学习领域。新的网络架构、优化算法和硬件加速技术不断推动着性能的提升。机器学习的应用已经扩展到各个领域,包括医疗健康、金融服务、自动驾驶汽车和智能制造。这些应用不仅提高了操作效率,还带来了新的业务模式和创新机会。

(三)计算机视觉、自然语言处理和语音识别等领域的突破性进展

近年来,图像识别技术经历了巨大的变革,主要得益于深度学习方法,特别是卷积神经网络(CNN)的应用。这些技术使得计算机能够以超越人类的准确率识别图像中的对象和场景。在医疗影像分析、自动驾驶车辆和安全监控系统中,图像识别技术已经成为不可或缺的一部分。

物体检测技术,特别是实时物体检测系统,已经在各种应用中取得显著成果。这些系统能够实时识别和定位图像中的多个对象,从而在零售、运输和智能城市管理等行业中发挥重要作用。例如,零售行业中的实时物体检测可以用于库存管理和客户行为分析。

在某些方面,计算机视觉技术的表现已经超越了人类。例如,它们在处理大规模图像集、持续监控和高速图像处理方面显示出卓越的能力。这种超越不仅在于速度和规模,也在于准确性,特别是在复杂或微妙的图像识别

任务中。

自然语言处理(NLP)领域的语义分析技术已经取得了显著进步。深度学习模型,如变换器和BERT(bidirectional encoder representations from transformers),使计算机能够更加准确地理解语言中的深层含义和上下文关系。这些技术在情感分析、文本摘要和机器翻译等应用中展现出强大的能力。

情感分析技术,通过识别和分类文本中的情绪倾向,为品牌监测、市场分析和客户服务提供了新的视角。深度学习方法使得情感分析更加精细化和个性化,能够识别出更微妙的情绪和情感层面。

深度学习技术在自然语言的理解和生成方面取得了显著的进展。现在,机器不仅能够理解复杂的语言结构和隐含的意义,还能生成流畅、自然且符合语境的文本。这一进步为聊天机器人、自动内容创作和语言模型提供了强大的支持。

语音识别技术已成为智能助手和家居自动化系统的核心组成部分。通过自然语言理解和语音合成技术,智能助手能够以接近自然对话的方式与用户交流。这一技术的进步使得智能助手能够更好地理解各种口音、方言和非标准语音输入。

随着智能手机和智能家居设备的普及,语音搜索成为日常生活的一部分。用户越来越多地通过语音命令进行信息检索和在线购物。这一趋势推动了语音搜索技术的发展,使其成为未来搜索引擎优化和在线营销策略的关键组成部分。

语音识别技术的普及不限于消费产品,在医疗、法律和教育等行业中,语音识别正在改变工作流程,提高效率,并为残疾人士提供更多的无障碍服务。例如,医生可以使用语音识别技术快速记录病历,而法律专业人士可以通过语音转录提高文档处理的速度。

三、当代应用现状

(一)基于深度学习的图像识别和生成

深度学习技术在图像识别和生成方面的应用为产品设计提供了强大的支持。例如,卷积神经网络(convolution neural network, CNN)可用于识别和分类图像中的物体,辅助设计师快速理解图像内容,从而进行相应的设计工作。此外,生成对抗网络(generative adversarial network, GAN)等技术可以用于生成高质量的图像,为设计师提供丰富的设计灵感和参考。

(二)基于自然语言处理的需求分析与设计方案生成

自然语言处理技术在需求分析和设计方案生成方面也发挥着重要作用。例如,文本挖掘和情感分析技术可以帮助设计师从大量用户反馈和评论中提取关键信息,深入了解用户需求。此外,基于自然语言处理的自动生成技术(如 OpenAI 的 GPT 系列模型)可以根据设计需求自动生成相应的设计方案描述,辅助设计师完成设计任务。

(三)基于语音识别的人机交互设计

语音识别技术在产品设计领域中的应用主要体现在人机交互设计方面。通过将语音识别技术应用于智能助手、智能家居等场景,设计师可以实现更加自然、便捷的人机交互体验,从而满足用户对智能产品的需求。

(四)产品推荐和个性化定制

机器学习技术在产品推荐和个性化定制方面具有广泛的应用。通过对用户行为、喜好等数据的分析,机器学习算法可以为用户推荐符合其个性化需求的产品,并在一定程度上实现个性化定制。这不仅有助于提高用户满意度,还可以为企业带来更高的盈利。

综上所述,人工智能技术在产品设计领域的应用已经取得了显著的进展,特别是在图像识别与生成、需求分析与设计方案生成、人机交互设计以及产品推荐和个性化定制等方面。然而,要充分发挥这些技术的潜力,设计师仍需要不断提高对人工智能技术的理解和运用能力,以满足现代消费者多样化、个性化的需求。

第六节　人工智能技术对个性化定制产品设计的影响

一、设计效率提升

人工智能技术在设计效率方面的贡献主要表现在以下几个方面。

（一）自动化设计方案生成技术

自动化设计方案生成技术将计算机辅助设计（CAD）和人工智能算法相结合，能够根据输入的需求参数快速生成多种设计方案。例如，参数化设计方法利用数学模型描述产品的几何结构和性能，通过改变参数值，可以在有限时间内获得大量不同的设计方案。此外，遗传算法、粒子群优化等智能优化技术也被广泛应用于自动化设计方案生成过程，以在给定目标和约束条件下迅速搜索到最优设计方案。

参数化设计方法将设计元素转化为可变的参数，使设计师能够通过调整这些参数来迅速探索多种设计方案。这种方法的核心在于创建一个可灵活调整的设计模型，它能够自动适应参数的变化并实时展现结果。

在描述产品的几何结构和性能时，数学模型扮演着关键角色。例如，在建筑设计中，参数化设计方法可以用来定义建筑物的形状、大小和结构布局。通过应用数学模型，设计师可以准确地控制这些属性，并根据特定需求或约束条件进行快速调整。

通过改变参数值，参数化设计能够在有限时间内生成大量不同的设计方案。例如，汽车设计中，通过调整车身尺寸、轮距和其他关键参数，可以迅速产生多种车型设计，从而加速创新过程并优化产品性能。

遗传算法是一种模仿自然选择过程的搜索算法，非常适合用于自动化设计方案的生成。在产品设计中，遗传算法可以用于迭代地搜索和优化设计参数，以找到满足特定性能标准的最优设计方案。

粒子群优化是另一种智能优化技术，它模拟鸟群或鱼群的社会行为来优化问题解决方案。在设计过程中，这种技术可以用于同时考虑多个设计参数，并快速找到在给定约束条件下的最佳解决方案。

智能优化技术能够在复杂的设计约束条件下高效地搜索最优解。这些技术通过模拟自然选择和社会行为来不断迭代和改进设计方案，确保最终的设计不仅创新而且实用。

自动化设计方案生成技术显著提高了设计效率。通过快速生成和评估多种设计方案，设计师能够在短时间内探索更广泛的设计空间，从而加快创新过程。

这些技术的应用潜力跨越了多个领域，从工业设计到建筑规划，再到汽车工程。在每个领域中，自动化设计方案生成技术都为解决复杂设计问题提供了新的可能性。

（二）智能优化迭代技术

智能优化迭代技术可以根据设计师的修改意见对设计方案进行实时优化。例如，基于深度学习的样式迁移技术可以在设计方案中实现风格的自动调整，使得设计师可以在短时间内尝试多种风格，提高设计效率。此外，拓扑优化技术通过对产品结构的自动优化，可以在满足性能要求的同时降低材料消耗，从而提高设计效率。

样式迁移技术是一种基于深度学习的创新方法，它允许设计师将一种风格应用到另一种图像或设计元素上。这种技术通常使用卷积神经网络来分析和应用视觉风格，能够在保持内容结构的同时改变其艺术风格。

通过自动风格调整，样式迁移技术大大提高了设计的灵活性和效率。设计师可以快速尝试不同的风格组合，以探索各种视觉效果，从而加速设计决策过程并促进创意探索。例如，一个设计师可以将现代艺术风格迁移到传统家具设计上，以探索新的视觉语言。通过这种方式，设计师可以在短时间内评估和比较多种风格，从而找到最符合项目需求的设计方案。

在产品设计中将拓扑优化技术用于自动优化产品结构，可以在满足性能要求的同时降低材料消耗。这种技术通过算法来确定材料在产品中的最佳分布，从而实现重量减轻和材料效率最大化。通过结构优化，拓扑优化技术能够有效减少材料使用，同时保证产品的强度和功能。例如，在汽车工业中，拓扑优化被用于设计更轻但同样坚固的车身部件，以提高燃油效率和性能。

应用拓扑优化技术不仅提高了材料利用率，也加快了设计过程。设计师可以快速评估不同设计方案的性能，从而在更短的时间内实现最优设计。

智能优化技术能够实时响应设计师的修改意见，通过迭代过程快速优化设计方案。这使得设计师能够立即看到其更改的影响，从而更有效地进行决策和调整。

设计师在工作中可能需要调整产品的某个部分以提高其功能性，通过实时优化技术，设计方案可以立即调整以适应这些更改，从而加速设计迭代过程并提高最终产品的质量。

（三）基于大数据的设计决策支持

大数据技术已成为现代产品设计领域不可或缺的工具，尤其在收集和分析市场以及消费者行为信息方面。通过对大规模数据集的分析，设计师可以获得关于市场趋势、消费者偏好和行为模式的深入洞察。这种信息对于引导产品开发过程至关重要，可以帮助设计团队做出更符合市场需求的决策。大数据分析方法包括数据挖掘、模式识别和预测建模等。这些方法可以揭示消费者购买习惯、偏好变化和市场需求的新趋势。大数据的优势在于其能够处理和分析以前无法想象的数据量和数据类型，从而提供更全面、更准确的市场洞察。

通过分析消费者行为数据，设计师可以直接了解目标市场的需求和期望。这些数据可能来自在线购物行为、客户反馈、社交媒体互动等多个渠道。通过对这些数据的分析，设计师可以发现哪些产品特性受欢迎，哪些需要改进。消费者行为数据分析对于理解消费者喜好至关重要。这些数据帮助设计师了解消费者对产品的实际使用方式和对新产品特性的接受度。这些洞察支持设计师在产品开发过程中做出更有针对性的决策。数据挖掘技术可以帮助设计师揭示市场的动态和发展趋势，通过分析历史数据和当前市场情况，设计师可以预测未来的市场变化，例如新兴的消费群体或者产品趋势。

数据挖掘在辅助产品设计决策中发挥着重要作用。它能够帮助设计团队识别潜在的市场机会，优化产品设计以满足未来市场的需求。社交媒体是了解消费者意见和偏好的宝贵资源，通过分析社交媒体上的讨论、评论和分享，设计师可以发现消费者对某一设计元素的反应，从而在设计中加以利用。如果某一特定的颜色或形状在社交媒体上广受欢迎，设计师可以考虑将这些元素融入新产品设计中。这种即时的市场反馈使设计过程更加动态、更快地响应市场需求。

（四）人机协同设计

在人机协同设计过程中，人类设计师扮演着至关重要的角色。设计师不仅负责提供原始的创意和设计思路，而且负责引导整个设计过程，确保设计成果符合人类用户的需求和审美。设计师的直觉、经验和创造力是人机协同设计中不可或缺的部分，特别是在解决复杂的设计问题和产生创新思路时。

设计师的创意和设计思路在产品设计中具有决定性意义。这些创意不仅决定了产品的形式和功能，而且影响着产品的用户体验和市场竞争力。在人机协同设计中，人类设计师的创意被视为启动和指导设计过程的关键因素。

人工智能系统在人机协同设计中起到辅助和增强的作用。通过利用先进的算法和大量的数据，人工智能系统能够提供计算支持，如自动化设计方案生成、性能模拟和优化。这些系统还能够提供基于数据分析的智能建议，帮助设计师做出更加科学和合理的设计决策。人工智能系统的计算能力和数据处理能力对于处理设计过程中的复杂计算和分析至关重要。这些系统通过快速分析大量数据，为设计师提供关于材料选择、结构优化和市场趋势等方面的建议，从而提升设计的质量和效率。人机协同设计通过结合人类设计师的创意与人工智能的计算优势，显著提高了设计效率。这种协作模式使设计师能够迅速实验和迭代设计方案，同时利用智能系统的数据分析和模拟能力来验证和优化这些方案。机器的计算能力和数据处理能力在设计中的应用涉及多个方面，从自动化草图生成到性能测试和市场分析，这些功能帮助设计师节省时间，同时确保设计方案的科学性和实用性。

基于机器学习的推荐系统在设计中的应用主要体现在为设计师提供个性化的资源和方案建议。这些系统通过分析设计师的历史行为、偏好和项目需求，自动推荐相关的设计资源、工具和方案。如果一个设计师在之前的项目中频繁使用某种材料或风格，推荐系统可以识别这一模式，并在新项目中提出相应的建议。这不仅增加了设计过程的个性化，而且提高了资源利用的效率。

（五）模型驱动的设计方法

在模型驱动的设计方法中，数据模型用于对设计对象、过程和结果进行详细建模。这包括使用计算模型来表示产品的各个方面，从初步概念到详细规格。通过这种方式，设计过程变得更加可视化和可管理，允许设计师以更高效的方式进行概念化和规划。建模对于系统化地分析设计任务至关重要，它提供了一种结构化的方法来考虑所有相关因素，包括设计约束、目标和用户需求。通过建模，复杂的设计任务被分解为更小、更易管理的部分，使得设计师能够更清晰地识别和解决设计中的关键问题。

基于功能模型的设计方法以产品的功能需求为出发点，该方法使用模型来定义产品应具备的功能和性能，以及这些功能如何实现。设计师通过分析功能需求来确定产品的结构和性能参数，确保设计实现既定的功能目标。这种方法特别强调从用户的角度出发进行设计，关注产品如何满足用户的实际使用需求。例如，在设计一款新型家用电器时，设计师会先定义其核心功能，如清洁效率或能源使用效率，然后围绕这些功能进行详细设计。

模型驱动的设计方法通过精确的数据模型和清晰的功能定义，能够实现快速且高效的设计。这种方法减少了试错过程，加快了从概念到原型的转化速度。数据驱动的方法允许设计师快速评估和迭代设计方案，通过即时反馈和数据分析，设计师能够更快地识别设计中的问题和改进点，加速决策过程。

结合人工智能技术，模型驱动的设计方法能够进一步提高设计效率和质量。人工智能技术，如机器学习和深度学习，可以用于分析复杂的数据集，提供设计优化建议，甚至自动生成设计方案。通过融合人工智能技术，设计师不仅能够利用模型进行高效设计，还能利用算法进行预测分析和自动优化。这种方法为处理更复杂的设计问题和创造更创新的产品设计提供了强大的工具。

（六）云设计和协同设计平台

云设计平台通过集成各种设计资源和工具，为设计师提供了一个统一的工作环境。这些平台将设计软件、模板、库存图像和数据集等资源汇聚在一处，使设计师能够轻松访问所需工具和资料。通过集成资源，设计师不再需要在不同的应用程序和数据库之间切换，大大提高了工作效率。

设计师可以利用云设计平台进行高效的资源访问和共享。例如，团队成员可以实时共享设计文件和反馈，无须通过电子邮件或其他传统方式交换信息。这种资源共享不仅加快了设计过程，还促进了团队内的知识共享和协作。云设计平台支持设计师随时随地访问设计资源和工具，无论设计师身处何地，只要有互联网连接，就可以登录平台，访问项目文件和资源。这种灵活性特别适合远程工作和快速响应客户需求。远程工作和移动访问提供了前所未有的工作灵活性，这对于提高设计效率至关重要。设计师可以在灵感来临时立即开始工作，或在客户反馈后迅速进行调整。

协同设计平台提供了跨地域和跨组织协作的功能。设计团队成员可以分布在不同地点，通过平台协同工作，共同解决复杂的设计问题。这种协作方式特别适合涉及多个专业领域和部门的大型项目。在协同设计平台上，来自不同专业领域的设计师可以共享各自的专业知识和视角。例如，工程师、产品设计师和市场专家可以一起工作，共同开发符合技术要求、美观且市场竞争力强的产品。协同设计平台提供了实时沟通和方案共享的功能，团队成员可以在平台上实时讨论、修改设计方案，并共享反馈。这种即时沟通减少了误解和信息延迟，确保了设计决策的及时性和准确性。

实时的协作和沟通机制有助于减少设计过程中的信息不对称问题，团队成员可以即时获取项目的最新状态，及时调整自己的工作以适应项目的变化。例如，在一个跨领域设计项目中，设计团队利用协同设计平台进行实时沟通和方案共享，成功开发了一款创新的消费电子产品。通过平台，团队能够实时更新设计更改、快速迭代原型并有效管理项目时间线。这些平台优化了设计流程和决策过程，设计团队能够更快地收集和分析数据，更加精准地理解市场需求和技术趋势，从而快速做出更合理的设计决策。

通过以上技术手段，人工智能技术在个性化定制产品设计中显著提高了设计效率。在未来，随着人工智能技术的不断发展和创新，这些技术手段有望进一步优化和完善，为设计师提供更强大的支持，实现更高效、更符合个性化需求的设计成果。同时，设计师也需要不断适应这些新技术的发展，将其有效地融入设计实践中，以充分发挥人工智能技术在提高设计效率方面的潜力。

二、设计精度优化

（一）数据驱动的消费者行为分析

在个性化定制产品设计中，数据驱动的消费者行为分析是提高设计精度的关键环节。在个性化产品设计中，收集消费者的购买、使用和反馈数据是基础且关键的步骤。这些数据可以通过多种渠道获得，包括在线购物平台、客户调查问卷、社交媒体分析和用户反馈系统。例如，通过分析电子商务网站上的购买记录，可以获得关于消费者偏好和购买习惯的直接信息。这些数据在理解消费者行为方面发挥着至关重要的作用。它们帮助设计师深入了解市场需求、识别消费者喜好的变化趋势，以及评估产品使用过程中的用户体验。这种深入的洞察为后续的设计决策提供了实证基础。利用机器学习和数据挖掘技术，设计师可以从大量消费者数据中提取有价值的洞察。这些技术使得分析大规模复杂数据集成为可能，从而发现不易观察的消费者行为模式和偏好。

通过应用这些技术，设计师可以识别消费者的潜在需求和偏好。例如，机器学习算法可以分析用户的浏览和购买历史，预测他们可能感兴趣的新产品类型或功能。聚类分析是一种强大的数据挖掘技术，用于将消费者划分为具有相似行为或偏好的不同细分市场。这种方法依据消费者的购买历史、使用模式和反馈，将他们分组，以便更有针对性地进行产品设计。通过对市场进行细分，设计师可以更精确地定位目标消费者群体，为他们提供定制化的设计解决方案。例如，对于追求高性能产品的消费者群体，设计师可以专注于提升产品的技术参数和性能。

消费者行为分析使设计师能够更有效地针对特定市场需求开展个性化产品设计。这种数据驱动的方法不仅提高了设计的相关性，也提升了消费者满意度。数据驱动的设计方法对于提升产品成功率具有显著影响，它通过确保设计决策符合市场实际需求，降低了产品失败的风险，同时提高了产品的市场竞争力。

以一个实际案例为例，数据驱动的消费者行为分析被应用于李宁公司的运动鞋设计中。通过分析消费者的购买数据和在线反馈，设计团队识别出消费者对轻便舒适鞋款的高需求，进而开发出一系列符合这一需求的产品。在这个案例中，数据分析不仅帮助设计团队快速响应市场需求，而且在产品的功能特性和外观设计上提供了有价值的指导。结果，这款运动鞋在市场上取得了巨大成功。

（二）情感分析与用户体验优化

情感分析技术结合了自然语言处理（NLP）和机器学习方法，用于从文本中识别和提取情感倾向。这种技术通过分析消费者评论和反馈的语言模式，确定其正面、负面或中性的情感倾向。自然语言处理技术可以解析文本数据，识别关键词和短语，以及它们在特定上下文中的情感色彩。机器学习算法，尤其是深度学习模型，能够学习和预测文本中的情感标签，从而自动进行情感分析。

情感分析技术能够从消费者评论中提取出有关产品特性、性能和用户体验的关键信息。这些信息直接反映了消费者对产品的看法和需求，为设计师提供了宝贵的第一手市场数据。消费者需求和期望的信息对于指导产品设计至关重要，设计师可以利用这些信息了解市场趋势，识别目标用户群体的特定需求，并据此优化产品设计。

情感分析技术使设计师能够实时监测和评估用户对产品的反应。这种持续的反馈机制有助于快速识别用户体验中的问题，并及时调整设计策略。通过对用户反馈进行情感分析，设计师可以更准确地对市场反应做出响应。这种方法提高了设计的精度，确保产品更贴近消费者的实际需求和期望。情感分析可以用于进行用户满意度评估，从而提供关于产品优势和劣势的直接反馈。这些反馈信息对于迭代设计和产品改进至关重要，基于情感分析的评估结果可以指导设计师对产品进行针对性的优化。例如，如果用户对某个特性的负面反馈较多，设计师可以优先考虑改进该特性。情感分析能够帮助设计师清晰地识别产品的优点和缺点，通过分析消费者的情感反应，设计师可以了解产品的哪些方面受到欢迎，哪些方面需要改进。设计师可以根据情感分析的结果进行针对性的设计改进。这种基于数据的方法使设计过程更加客观和精准，有助于提升最终产品的质量和市场竞争力。

（三）智能设计决策支持系统

智能设计决策支持系统利用人工智能技术对设计方案进行评估和优化，提高设计精度。例如，基于遗传算法的多目标优化方法可以在满足多个设计目标的情况下，寻找到最优设计方案。此外，智能设计决策支持系统还可以为设计师提供实时的设计建议，协助设计师在复杂的设计空间中进行有效的决策。

在现代产品设计中，人工智能（AI）技术被用于对设计方案进行综合评估。利用AI，设计师能够快速分析方案的可行性、性能以及市场潜力。AI系统通过处理大量数据，可以预测设计方案的成功率，为设计师提供关于产品强弱项的详细报告。

智能系统在设计过程的优化中扮演关键角色。通过持续学习和适应，这些系统能够识别有效的设计模式和趋势，指导设计师进行更精准的决策。这种优化不仅提高了设计质量，也缩短了产品开发的时间周期。遗传算法，一种受自然选择启发的优化方法，已被广泛应用于产品设计中。这种方法模拟生物进化过程，通过迭代生成多个设计方案，最终找到最优解。在多目标优化的背景下，遗传算法可以同时考虑多个设计目标，如成本、效率、耐用性和美观。这种方法特别适用于那些需要平衡多重目标和约束的复杂设计，帮助设计师发现最佳的设计方案。智能设计决策支持系统能够为设计师提供实时的设计建议。这些建议基于综合的数据分析，包括市场趋势、用户反馈和过往成功案例。这种即时反馈机制在复杂设计任务中为设计师提供了宝贵的指导。实时建议有助于设计师在复杂和具有挑战性的设计任务中做出更加明智的决策。智能系统的输入可以减少试错次数，加快设计迭代过程，从而提高整体设计的效率和创新性。智能设计决策支持系统在处理复杂设计任务时显示出巨大的优势。它们能够分析和处理大量的设计参数和约束条件，帮助设计师在复杂的设计决策中找到最佳路径。在面对诸如材料选择、功能规格和成本限制等复杂设计参数时，智能设计决策支持系统能够提供基于数据的解决方案。这些系统通过综合考虑各种因素，帮助设计师优化产品设计，同时满足市场和用户的需求。

（四）生成式设计与参数化建模

生成式设计技术是一种利用算法自动创建设计方案的方法，它结合了人工智能、计算机图形学和数学建模，以生成满足特定约束条件和目标函数的设计方案。这种技术使设计过程自动化，提高了设计的效率和创新性。

生成式设计依赖于预设的设计规则和参数，根据这些规则自动探索可能的设计解决方案。通过设定特定的约束条件和目标函数，如成本最小化、材料优化或能效最大化，系统能够自动生成一系列设计方案供设计师选择。参数化建模技术允许设计师通过调整一组预定义的参数来改变设计方案。这些参数可以是尺寸、形状、材料属性等，通过改变这些参数，设计师可以探索不同的设计可能性。参数化建模的一个核心优势是它支持快速迭代和优化。设计师可以即时看到参数变化对设计的影响，从而快速调整和优化设计方案，以更好地满足项目需求。生成式设计和参数化建模技术特别适用于个性化定制产品设计。这些技术使得设计师能够准确地根据消费者的个性化需求制订设计方案，如调整产品尺寸、样式或功能以适应用户特定的偏好。在个性化定制中，对参数的精确调整至关重要。这些调整确保了设计方案不仅符合功能和性能要求，而且满足用户的个性化需求和审美偏好，结合形态生成和拓扑优化的设计方法可以在满足结构性能要求的同时，创造出具有独特美学特征的产品形态。这种方法利用算法生成优化的结构布局，同时考虑美观性和功能性。这些方法使得设计师能够超越传统设计的局限，创造出既实用又具有艺术美感的产品。通过优化材料分布和结构布局，设计师能够实现更轻量化、更高效和视觉上更吸引人的设计。

以一款基于生成式设计和参数化建模技术的高性能自行车为例。设计团队利用这些技术对自行车的框架进行了优化，使其在保持高强度的同时大幅减轻了重量。同时，他们还根据用户的体型和骑行风格调整了自行车的参数，实现了个性化定制。在这个案例中，生成式设计和参数化建模技术帮助设计师在满足功能性和美观性要求的同时，有效地解决了重量和强度之间的平衡问题。此外，这些技术还使得设计师能够针对不同用户的需求快速调整设计方案。

总结而言，生成式设计和参数化建模技术正在改变产品设计的面貌。这些技术通过支持快速迭代、优化和个性化定制，使设计师能够创造出既满足性能要求又具有独特美学价值的产品。随着这些技术的发展和应用，未来的产品设计将更加灵活、高效和创新。

（五）人工智能与设计师的协同创新

在现代产品设计领域，设计师正日益将人工智能（AI）技术与传统设计方法相结合。这种融合涉及使用 AI 工具和算法来增强设计过程，从自动化简单任务到提供复杂的数据驱动洞察。例如，设计师可以使用 AI 辅助工具进行市场趋势分析，同时利用传统技术进行概念草图的创作。

结合 AI 和传统设计方法的优势在于创新思维与机器计算能力的互补。人类设计师的直觉、经验和创造性思维与 AI 的大数据处理能力和算法驱动的分析相结合，为产品设计带来更深层次的创新和精准性。人工智能在提高个性化定制产品设计的精度方面发挥着关键作用。AI 技术，特别是机器学习和数据分析，可以帮助设计师理解复杂的消费者数据，预测用户偏好，并据此定制设计方案。这样,设计师能够更准确地满足消费者的个性化需求。利用AI分析工具,设计师可以对消费者行为、市场趋势和历史数据进行深入分析,从而更好地理解目标市场。这些洞察有助于设计师制定更具针对性的产品设计策略,满足特定客户群体的需求。基于深度学习的样式迁移技术为产品设计提供了一种全新的视觉探索手段。这种技术可以自动地将一种风格应用于设计元素上,帮助设计师快速探索和实验不同的视觉风格。例如,将现代艺术风格应用于传统产品设计中,创造出独特的视觉效果。通过样式迁移技术,设计师可以在不牺牲原始设计意图的情况下,轻松地实现风格上的多样性。这种技术的应用不仅节省时间,还激发了更多创新灵感。

人工智能技术,尤其是那些涉及图像识别和模式生成的工具,为设计师提供了丰富的灵感来源。AI可以帮助设计师发现新的设计元素组合,提供以往未曾考虑过的设计方向。AI的应用帮助设计师突破传统思维模式和创新限制,通过机器的计算能力和大数据分析,设计师可以探索以往无法实现的设计概念,挑战现有的设计边界。以一款基于AI技术的智能家居产品为例。设计团队利用深度学习算法分析消费者的使用习惯,结合传统的人体工程学原则,设计出既符合功能性要求又具有现代美感的产品。此外,通过样式迁移技术,该产品能够根据用户的个性化喜好调整外观设计。在这个案例中,AI技术的应用不仅提高了设计的精度,还加快了产品从概念到原型的开发过程。通过结合AI与传统设计方法,设计团队能够快速响应市场变化,创造出满足消费者需求的创新产品。

总结而言,人工智能与设计师的协同创新正成为产品设计领域的新趋势。这种融合模式通过结合人类的创造性思维和AI的计算能力,不仅提高了设计的精度和效率,还为设计师开辟了新的创新空间。随着AI技术的不断进步,未来将有更多创新的设计理念和方法诞生。

通过以上分析,我们可以看到人工智能技术在个性化定制产品设计中的应用对设计精度优化的重要作用。数据驱动的消费者行为分析、情感分析与用户体验优化、智能设计决策支持系统、生成式设计与参数化建模以及人工智能与设计师的协同创新等方面都有助于提高设计师对消费者需求的理解和满足度。这些技术和方法不仅能够为设计师带来更高的设计精度,还能够为消费者提供更加个性化和满意度更高的定制产品。

然而，尽管人工智能技术在个性化定制产品设计中的应用取得了显著成果，我们也应关注到其可能存在的局限性和挑战，例如，数据隐私和安全问题、设计师与人工智能之间的界定与协作方式以及对创新性和可持续性的平衡等。设计师和研究者需要持续关注这些问题，并不断优化和完善设计方法，以实现更高效、精确和可持续的个性化定制产品设计。

三、生产与供应链管理的革新

人工智能技术在个性化定制产品设计中对生产与供应链管理的革新主要体现在以下几个方面。

（一）智能化生产调度

在生产过程中，智能化生产调度可以实现动态生产计划的生成和实时调整。基于人工智能技术的生产调度系统可以对生产过程中的各种数据进行实时监控与分析，从而为制造企业提供更灵活、高效的生产计划。例如，基于深度学习的预测模型可以准确预测生产需求，为生产计划提供数据支持；基于强化学习的优化算法可以在复杂的生产环境中寻找最优调度策略，提高生产效率。

在当今快速变化的市场环境中，智能化生产调度技术能够有效生成动态生产计划。这些计划基于最新的市场数据、资源可用性和生产能力，能够快速适应订单变化和供应链波动。利用先进的数据分析和预测方法，智能系统能够预见需求变化，自动调整生产计划，以保持高效率和低成本运作。

实时调整生产计划的能力对于应对市场变化至关重要。它允许制造企业灵活应对订单波动、原材料供应变化和紧急情况，从而减少生产延误和库存积压。基于人工智能的生产调度系统通过实时监控生产过程中的各种数据，例如机器运行状态、原材料使用和产品质量，实现对整个生产流程的优化。这些系统利用机器学习和模式识别技术分析历史数据和实时数据，以优化生产调度和资源分配；利用 AI 技术进行实时监控和数据分析，帮助识别生产过程中的瓶颈和效率损失点。这种分析支持决策者做出更加准确和及时的调整决策，以提升生产效率。基于深度学习的预测模型在生产需求预测中发挥着关键作用。这些模型能够处理和分析大量复杂的数据，从而准确预测市场需求的变化趋势。这种预测为生产计划提供了坚实的数据支持,使得制造企业能够更加有效地规划生产活动。准确的生产需求预测使企业能够提前准备必要的资源和调整生产线,减少资源浪费,同时确保产品按时交付。基于强化学习的优化算法能够在复杂的生产环境中寻找最优的调度策略。这些算法通过不断学习和适应生产环境的变化,实现生产过程的自动优化。这些算法能够处理多变量和多目标的决策问题,寻找成本、时间和质量之间的最佳平衡。在复杂和不确定的生产环境中,这些优化策略对于提高生产效率和适应市场需求具有极大的价值。

以一家汽车制造企业为例,该公司采用基于AI的生产调度系统来优化其装配线。系统能够根据订单需求的变化,实时调整生产计划,优化物料流和工人配置。在这个案例中,智能化生产调度系统显著提高了生产效率,减少了库存积压,同时确保了更高的产品质量和及时交货。通过实时数据分析和预测模型,企业能够快速响应市场变化,保持竞争优势。

(二)供应链协同

在供应链管理中,人工智能技术可以帮助企业实现更高程度的协同与优化。AI系统能够处理和分析来自供应链各环节的大量数据,包括供应商信息、生产进度、物流状态和市场需求。通过集成这些数据,AI技术使供应链各方能够共享关键信息,从而实现更高效的协作和决策制定。

数据共享的实时性对于提高供应链的整体效率至关重要。它使得设计师和制造商能够快速响应市场变化,调整产品设计和生产策略。例如,及时了解原材料的供应状况可以帮助设计师选择更合适的材料,优化产品设计。基于区块链技术的供应链平台为数据共享和安全提供了新的解决方案。区块链的分布式账本技术能够确保数据的不可篡改性和透明度,增强各方之间的信任。在这样的平台上,供应链的每个环节都可以安全、可靠地记录和追踪。区块链技术的应用显著提高了数据的安全性和透明度,降低了供应链中的信任成本。这对于那些依赖精确和可靠数据进行决策的产品设计和制造过程尤为重要。机器学习技术被广泛应用于供应链的预测和优化中,基于机器学习的预测模型可以分析历史和实时数据,准确预测供应链中的需求波动、库存水平和运输需求。这种预测对于制订有效的生产计划和库存管理策略至关重要。通过机器学习模型的预测结果,企业可以优化其生产计划和库存水平,减少资源浪费。同时,对运输需求的准确预测有助于优化物流安排,降低运输成本。

人工智能技术提高了供应链的响应速度和整体效率。AI 系统能够实时监控市场变化和供应链状况,迅速做出调整以应对突发事件,如供应中断或需求激增。快速响应的供应链直接影响产品设计的灵活性和市场竞争力。设计师可以根据实时的市场反馈和供应链状况调整产品设计,确保产品满足当前的市场需求。人工智能技术能够显著减少供应链中的资源浪费和运营成本,通过精确的需求预测和优化的库存管理,企业可以减少过剩库存和相关成本,同时提高资源利用效率。成本效率的提高使得企业能够更有竞争力地定价其产品,同时保持良好的利润率。对于产品设计而言,成本效率意味着更大的设计灵活性和创新空间。

以电子产品制造企业为例,企业利用基于 AI 的供应链协同平台来优化其组件采购和库存管理。通过实时数据分析和预测模型,该企业能够及时调整其生产计划,响应市场需求变化,同时减少库存成本。在这个案例中,智能化供应链协同技术不仅提高了生产效率,而且使产品设计更加灵活并以市场为导向。通过实时的市场和供应链数据,设计师能够快速调整设计,满足消费者的最新需求。

(三)制造过程中的质量监控

在现代制造业中,人工智能(AI)技术正在改变生产数据的监控和分析方式。AI 系统能够实时收集和处理来自生产线的数据,包括机器性能参数、生产效率和产品质量指标。通过高级数据分析和模式识别,这些系统能够即时识别生产过程中的异常情况。

实时数据监控对于及时检测和预测产品质量问题至关重要。通过实时监控生产数据,AI 系统能够快速识别质量缺陷或生产偏差,从而允许即时干预,减少不良品的产生。基于计算机视觉的图像识别技术在制造过程中的应用越来越广泛,这些技术通过高分辨率摄像头和图像处理算法对生产线上的产品进行实时检测,识别缺陷、瑕疵或不符合规格的产品。计算机视觉系统可以检测到微小的缺陷,甚至是肉眼难以察觉的质量问题。这种实时检测能力大大提高了产品质量控制的精确性,减少了质量检测的时间和成本。机器学习技术在设备故障预测方面展现出了巨大的潜力。基于历史数据和实时性能数据,机器学习模型可以识别设备即将发生的故障迹象,从而提前采取维护措施。通过预测即将发生的故障,企业可以规划预防性维修,从而减少意外停机时间和相关的生产损失。这种预测维护策略显著提高了生产效率和设备利用率。

人工智能技术在减少不良品产生和降低生产成本方面发挥着重要作用。通过精确的质量控制和故障预测,AI技术帮助企业优化生产过程,减少浪费,提高资源利用效率。减少不良品的产生不仅降低了成本,也间接提升了产品设计的质量。质量数据的反馈可以帮助产品设计师改进设计,避免未来生产中出现同类问题。

以一家汽车零部件制造企业为例,该企业应用基于AI的图像识别技术对零件进行实时质量检测。此外,通过机器学习模型监控设备性能,该企业能够提前预测设备故障,优化维护计划。在这个案例中,AI技术的应用不仅提高了生产线的质量控制标准,还帮助设计团队根据生产数据优化产品设计。结果,产品缺陷率显著下降,生产效率和产品质量得到了显著提升。

人工智能技术在个性化定制产品设计领域的应用对生产与供应链管理的革新具有重要意义。通过实现智能化生产调度、供应链协同和质量监控等方面的优化,人工智能技术有助于提高生产效率、降低生产成本和提高供应链的透明度与响应速度。这些改进将使个性化定制产品更加迅速地适应市场需求,满足消费者对产品多样性和个性化的追求。

四、新设计理念与方法的催生

人工智能技术的发展推动了个性化定制产品设计领域创新性设计理念与方法的发展。以下是一些具有代表性的新设计理念和方法。

(一)数据驱动设计

数据驱动设计是一种将消费者数据与设计过程紧密结合的设计方法。在现代产品设计中,深入理解消费者的行为、喜好和反馈是至关重要的。通过收集和分析来自社交媒体、在线购物平台和消费者调研的数据,设计师可以获得宝贵的洞察。这些数据不仅反映了消费者的当前偏好,还揭示了他们的未满足需求和潜在期望。

数据分析在捕捉和理解个性化需求方面发挥着关键作用。通过数据驱动的分析,设计师可以识别特定消费者群体的独特需求,从而开发出更加定制化和更具针对性的产品设计方案。数据驱动的设计方法允许设计师识别正在形成的市场趋势和新兴的消费者需求。通过大数据分析,设计师可以预见哪些产品特性或功能可能会受到市场欢迎,从而在竞争激烈的市场中保持领先。基于这些市场洞察,产品设计可以更加战略性地定位。设计团队可以利用这些信息来指导创新过程,确保新产品或功能与消费者的未来需求保持一致。聚类分析是一种强大的数据分析工具,可以根据消费者的行为和偏好将其分成不同的群体。这种方法帮助设计师理解不同消费者群体的独特特征,从而开发出更具吸引力的定制化产品。通过对这些细分市场的深入理解,设计师可以为每个群体定制特定的产品特性或设计元素。这种针对性的设计方法不仅提高了产品的市场吸引力,也增加了消费者满意度。

以一家智能穿戴设备制造商为例,该公司通过分析在线健身论坛和社交媒体上的用户反馈,识别了运动爱好者对健康追踪功能的高度需求。基于这些数据,设计团队开发了一款具有先进健康监测功能的智能手表,迅速获得市场的广泛认可。在这个案例中,数据驱动的设计方法帮助企业快速捕捉市场趋势,提高产品设计的精准度和市场适应性。这种方法使得产品在竞争激烈的市场中脱颖而出,满足了消费者的具体需求。

(二)仿生学设计

仿生学设计,一种古老而又现代的设计方法,是一种借鉴自然界生物的结构和功能来创新个性化定制产品的设计方法。这种设计方法不仅模仿生物的外观,更深入地借鉴了它们的结构、功能和生态策略。通过模仿生物界的优化策略,设计师可以创造出具有独特性能和美学特点的产品。例如,基于鲨鱼皮肤结构的阻力减小技术可以应用于运动服装设计,提高运动员的运动表现;模仿蜘蛛丝结构的高强度材料可以应用于轻质且坚固的个性化产品设计。

通过模仿自然界中经过亿万年进化而成熟的解决方案,仿生学设计在现代产品开发中开启了新的创新渠道。它不仅提供了一种新的解决复杂工程问题的方法,也为个性化定制产品的设计提供了无限的灵感。设计师通过模仿自然界生物的策略,可以创造具有独特性能的产品。例如,通过模仿莲叶表面的纳米结构,设计师可以开发出具有超疏水性能的材料,这些材料在户外装备和防水服装中有广泛应用。仿生学设计不仅关注功能性，还融入了美学元素。自然界的形态和纹理为产品设计提供了丰富的视觉和触觉灵感，使得最终产品既实用又美观。

鲨鱼皮肤的独特微结构启发了一种新型阻力减小技术，这项技术已经应用于运动服装设计，特别是在游泳和自行车赛服上。这些服装通过模仿鲨鱼皮肤表面的微小凹凸结构，显著减小水或空气的阻力，从而提高运动员的运动表现。蜘蛛丝以其轻质但极度坚韧的特性而闻名，科学家和设计师们正致力于开发模仿蜘蛛丝结构的高强度材料。这些材料在轻质且坚固的个性化产品设计中有巨大潜力，如户外装备、安全装备甚至建筑材料。

在一个具体的案例中，一家设计公司利用仿生学原理设计了一款新型的风力涡轮机叶片。这些叶片的设计灵感来自鲸鱼的翅膀，其独特的形状优化了空气流动，提高了能量捕获效率。这个案例展示了如何通过仿生学设计提高产品的创新性和市场竞争力。该风力涡轮机不仅效率更高，而且在设计上别具一格，成为可持续能源领域的一个创新典范。

（三）人机协作设计

人机协作设计是一种设计师与人工智能系统共同完成设计任务的方法。在这种方法中，设计师可以充分发挥人类的创造力和直觉，而机器则发挥其计算能力和数据处理优势。在人机协作设计过程中，设计师的角色至关重要。他们的创造力和直觉是人工智能无法复制的，这些人类独有的特质在设计过程中发挥着关键作用。设计师利用自己的经验和直觉来构思创新的设计理念，以及评估和选择人工智能系统生成的设计方案。

与此同时，人工智能系统在设计过程中扮演了数据处理和计算的角色。利用其强大的计算能力和高效的数据处理能力，人工智能系统可以处理大量信息，支持设计师进行快速的设计迭代和优化。这种技术支持使得设计过程更加高效，同时保持了设计的创新性和实用性。深度学习技术，尤其是在图像生成方面，为产品设计提供了新的可能性。这项技术可以快速生成多种设计方案，为设计师提供更多选择。设计师可以利用这些技术迅速迭代设计方案，从而在短时间内探索更多的设计可能性。利用基于深度学习的图像生成技术，设计师可以在较短时间内看到多种设计可能性，从而加速设计方案的迭代和优化过程。这种技术的应用提高了设计过程的效率，同时也增强了设计的多样性和创新性。人工智能系统可以根据设计师的反馈实时优化设计方案。这种实时反馈机制使得设计过程更加灵活,设计师可以快速调整方案以满足特定的设计要求或市场需求。这种实时优化不仅提高了设计效率,也确保了设计方案的质量。设计师可以利用人工智能的反馈进行精细调整,确保最终设计方案既符合美学要求,又满足功能性和实用性标准。

在人机协作设计过程中,自然语言处理技术可以极大地提高沟通的效率。设计师可以通过自然语言与人工智能系统交流,快速传达设计理念和修改要求,使得设计过程更加流畅。通过利用自然语言处理技术,设计师和人工智能系统之间的沟通变得更加直观和高效。这种技术的应用提高了设计过程的协同性,使得人机协作更加紧密和和谐。

在一个实际的应用案例中,家具设计公司利用人机协作设计方法开发了一系列新型家具产品。设计师提出初步设计概念,人工智能系统则基于这些概念生成多种设计方案。通过快速迭代和优化,最终形成了既美观又实用的家具设计。这个案例展示了人机协作设计如何有效地结合设计师的创造力和人工智能的计算能力,提高产品设计的创新性和效率。该方法使得设计过程更加快速和灵活,同时保持了设计的高质量标准。

(四)情境化设计

情境化设计是一种根据不同使用情境来定制产品的设计方法。情境化设计的核心在于深入理解用户的场景、需求和情境。设计师通过观察和分析用户的日常活动、使用习惯和环境条件,可以获得关于如何设计产品以更好地满足用户需求的深刻洞察。这种深入的用户研究帮助设计师理解产品如何在特定的使用情境中发挥作用。用户研究在情境化设计中扮演着关键角色。通过定量和定性的研究方法,设计师可以收集用户的反馈和偏好,从而指导设计决策,确保产品设计不仅美观,同时功能上符合用户的实际使用情境。

人工智能技术在捕捉和分析用户情境方面具有独特优势。通过对用户行为数据和环境数据的分析,AI 系统可以揭示用户的行为模式和使用偏好。这些信息为设计师提供了宝贵的洞察,帮助他们更准确地进行定制产品设计。人工智能技术特别擅长处理大规模的用户行为和环境数据,利用机器学习和数据挖掘技术,AI系统可以从这些数据中提取有意义的模式和趋势,为设计师提供实时的、动态的用户洞察。

人工智能系统可以为设计师提供关于用户场景的关键信息,如用户在特定环境中的行为模式和偏好。这些信息使设计师能够创建更符合实际使用情境的个性化产品。利用AI提供的洞察,设计师可以开发出更加贴合用户实际需要的产品。这种基于数据的设计方法可以显著提高产品的实用性和用户满意度。情境化设计方法特别适用于跨文化产品设计,通过考虑不同地区、文化背景和生活习惯的差异,设计师可以开发出具有地域特色的个性化产品。这种方法有助于创造出更具包容性和多样性的设计,满足全球化市场的需求。

在一个实际的案例中,家居产品公司利用情境化设计方法开发了一系列适用于小型公寓的多功能家具。通过分析城市居民的生活习惯和空间限制,设计师们创造了可以适应紧凑生活空间的多用途家具,极大地提高了居住的舒适性和便利性。这个案例展示了情境化设计如何精准匹配用户需求,并在产品设计中实现创新。通过深入理解用户的实际生活情境,设计师们成功地将创意思维和实用性结合在一起,创造出满足特定用户群体需求的创新产品。

(五)用户参与设计

用户参与设计是一种将消费者纳入产品设计过程的方法,使消费者在产品设计阶段即参与到决策中来。借助人工智能技术,企业可以更有效地收集和分析用户的意见和建议,从而更好地满足用户的个性化需求。例如,基于自然语言处理的情感分析技术可以从用户评论和反馈中提取有价值的信息,帮助设计师了解用户的需求和期望。此外,通过构建用户参与的设计平台,企业可以让消费者直接参与产品设计过程,实现真正意义上的个性化定制。

用户参与设计是一种创新的设计方法,它将消费者直接纳入产品设计的过程中。这种方法不仅让消费者参与决策,还确保了产品设计能够更加贴近用户的实际需求和偏好。通过让消费者表达他们的意见和建议,设计师可以从用户的视角出发,创造出更具吸引力和实用性的产品。随着人工智能技术的发展,企业可以更有效地收集和分析用户的意见。基于自然语言处理的情感分析技术可以从用户的在线评论和反馈中提取有价值的信息,这为设计师提供了深入理解用户需求和期望的新途径。通过这些技术,设计师可以更准确地捕捉用户的情感和偏好,将这些见解转化为具体的设计方向。

通过构建用户参与的设计平台,企业可以让消费者直接参与到产品设计过程中。这种平台不仅作为收集用户意见的渠道,而且允许用户与设计师进行互动,共同创造符合个人需求和风格的产品。用户可以直接影响产品的外观、功能和性能,实现真正意义上的个性化定制。

在一个具体的案例中,一家时尚品牌通过在线平台邀请消费者参与新款服装的设计。用户可以提出颜色、样式和面料等方面的建议,甚至上传自己的设计草图。设计团队根据这些用户的输入和反馈,开发出一系列深受市场欢迎的服装产品。这个案例展示了用户参与设计如何为产品创新注入新的活力,使品牌能够更精准地满足市场需求。用户参与设计作为一种前沿的设计方法,正在重塑产品设计的未来。通过集成用户的直接反馈和意见,企业能够打造更符合市场需求的产品,同时提高用户的品牌忠诚度和满意度。随着人工智能技术的不断进步,未来用户参与设计将在更多领域发挥重要作用,成为驱动产品创新和个性化定制的关键力量。

人工智能技术的发展为个性化定制产品设计领域带来了新的设计理念与方法。这些创新性的设计方法有助于提高设计效率、精度和创新性,从而更好地满足消费者的个性化需求。通过将人工智能技术与传统设计方法相结合,企业可以实现更高水平的个性化定制产品设计,增强市场竞争力。

五、伦理与道德挑战以及常规应对办法

人工智能技术在个性化定制产品设计中的应用也带来了一些伦理与道德挑战。首先,数据隐私保护成为亟待解决的问题。为了满足个性化需求,设计师需要收集和分析大量消费者数据,这就涉及用户隐私的保护。为此,企业和设计师需要在数据收集、存储和使用过程中遵循相关法律法规,确保用户隐私权益。

其次，机器创新与人类创新的界定也成为一个值得关注的问题。随着人工智能技术的发展，机器在设计过程中的作用越来越大，这引发了关于设计成果归属和知识产权的讨论。为了解决这一问题，需要在法律、道德和技术等多个层面进行研究，明确人类与机器在设计过程中的责任和权益。

此外，人工智能技术在个性化定制产品设计中的广泛应用可能导致部分设计师失业，引发社会问题。因此，设计师需要不断提升自己的技能，适应人工智能时代的发展，同时政府和企业也需要采取措施，为受影响的设计师提供培训和转型支持。

人工智能技术在个性化定制产品设计中的应用对设计效率、设计精度、生产与供应链管理以及设计理念和方法等方面产生了深远影响。然而，在充分发挥人工智能技术的优势的同时，也需要关注并解决伦理道德等方面的挑战，实现技术与社会的和谐发展。

（一）数据隐私保护

为确保用户隐私权益，企业需要遵循严格的数据管理政策，确保数据收集、存储和使用过程中的安全性和合规性。例如，使用匿名化和去标识化技术处理个人数据，避免在设计过程中泄露用户敏感信息。此外，企业还需要设立专门的数据保护团队，对数据进行持续监控和审计，确保数据安全。

（二）机器创新与人类创新的界定

为解决人工智能技术与人类在设计过程中的责任和权益问题，需要建立新的知识产权制度，明确人工智能技术在设计成果中的贡献。例如，可以将人工智能技术视为辅助设计师的工具，将设计成果的知识产权归属于人类设计师；或者可以建立一种共享知识产权的制度，将人工智能技术和人类设计师视为共同创作者，共享设计成果的知识产权。

（三）应对设计师失业问题

为应对人工智能技术在个性化定制产品设计领域的广泛应用可能导

致的设计师失业问题，政府和企业需要采取措施支持设计师的培训和转型。首先，政府可以设立专项基金，支持设计师进行人工智能技术培训，提升自身技能。其次，企业可以组织内部培训和实践项目，帮助设计师熟悉和掌握人工智能技术，并将其应用到实际设计过程中。此外，高校和研究机构也可以开设相关课程，培养具备人工智能技术和设计专业知识的复合型人才。

（四）社会伦理责任与道德担忧

在人工智能技术广泛应用于个性化定制产品设计的过程中，企业和设计师需要关注社会伦理责任，确保技术应用的道德性。例如，在收集和分析用户数据时，需要征得用户的明确同意，并向用户提供充分的信息和选择权。此外，设计师在利用人工智能技术进行设计时，应避免制造具有歧视性、不道德或不合法的产品，确保技术应用符合社会道德和法律规定。

（五）设立专项管理委员会

为确保人工智能技术在个性化定制产品设计中的应用符合伦理道德规范，企业可以设立专项管理委员会。委员会负责制定和监督执行与数据隐私、知识产权、人机协作等相关的伦理道德规定，确保企业在利用人工智能技术进行产品设计时遵循社会道德和法律规定。

（六）提高公众参与度

在人工智能技术应用于个性化定制产品设计的过程中，提高公众参与度是解决伦理道德挑战的重要途径。政府、企业和研究机构可以共同推动公众参与到人工智能技术的伦理道德讨论中，充分听取公众的意见和建议，确保技术应用符合社会价值观。此外，企业还可以通过开展公共教育活动，提高公众对人工智能技术的认识和理解，帮助公众更好地适应人工智能时代的发展。

通过以上措施，我们可以在充分发挥人工智能技术在个性化定制产品设计中的优势的同时，解决伦理道德等方面的挑战，实现技术与社会的和谐发展。展望未来，随着人工智能技术的进一步发展，我们有理由相信，个性化定制产品设计将继续改变我们的生活，为消费者带来更多个性化、高品质的产品。

第七节 人工智能在产品设计中的应用案例分析

本节将介绍一款基于机器学习技术的产品设计软件——Autodesk Dreamcatcher。通过分析其在需求理解、设计方案生成、产品评估与优化等方面的应用及效果，可以更好地理解人工智能在产品设计领域的潜力和价值。

另外通过分析 Adobe Sensei 这款利用自然语言处理技术的设计辅助工具，探讨其在捕捉消费者需求、提供个性化设计建议等方面的作用。Adobe Sensei 的应用不仅有助于设计师更好地理解消费者需求，提高产品设计的针对性，还可以在产品发布后，为设计师提供关于产品效果评估和优化的建议。这为产品设计领域带来了更加高效、精准的设计方法，有望进一步提高产品的市场竞争力。

本节还将介绍一款结合计算机视觉技术的产品样品评估系统 VisEval，其在产品设计领域具有重要的价值；另一款应用人机交互技术的虚拟现实(VR)设计平台 SketchUp 为设计师与消费者提供了更直观、高效的沟通方式，降低了设计迭代成本。

一、案例一：基于机器学习技术的产品设计软件

(一)Autodesk Dreamcatcher 简介

Autodesk Dreamcatcher 是一款基于机器学习技术的生成设计软件，它采用了强大的优化算法，可以根据设计师设定的目标和约束条件自动生成多种设计方案。通过使用 Dreamcatcher，设计师可以从数以千计的优化设计方案中选择最符合需求的设计。此外，该软件还具备实时评估和优化功能，能够在整个设计过程中不断地调整和完善设计方案。

(二)需求理解

在使用 Dreamcatcher 进行产品设计时，首先需要进行需求理解。设计师需要明确产品的功能、性能、尺寸等要求，以便将这些需求转化为具体的设计目标和约束条件。在这个过程中，机器学习技术可以辅助设计师对潜在用户需求进行分析，例如，通过对用户行为数据进行挖掘和分析，可以发现用户对产品的偏好和需求。此外，机器学习技术还可以帮助设计师从大量的历史设计案例中提取有用的信息，从而更好地理解需求和指导设计。

(三)设计方案生成

在需求理解的基础上，Dreamcatcher 通过生成设计算法自动创建多种可能的设计方案。这些方案在满足设计约束条件的前提下，尽可能地优化设计目标，例如降低重量、提高强度等。在这个过程中，机器学习技术的主要作用是根据已有的知识库和数据，自动地学习和优化设计算法，以提高设计方案的质量和多样性。

(四)产品评估与优化

在生成多种设计方案后，设计师需要对这些方案进行评估和优化。Dreamcatcher 提供了实时的评估工具，可以根据设计目标对方案进行排序和筛选。在评估过程中，机器学习技术可以帮助设计师更准确地预测产品的性能和成本，从而提高评估的准确性和效率。此外，通过对评估结果的反馈，机器学习技术还可以实现设计方案的自动优化。例如，通过对已生成方案进行迭代改进，可以不断提高方案的性能和满足需求的程度。

(五)与其他设计工具的集成

Autodesk Dreamcatcher 可以与其他设计工具(如 Autodesk Fusion 360、Autodesk Inventor 等)无缝集成，使设计师能够轻松地在不同的设计环境中切换，并将生成的设计方案导入其他工具中进行进一步的细化和优化。此外，Dreamcatcher 还支持与其他人工智能技术(如计算机视觉、自然语言处理等)的融合，从而实现更加智能化和自动化的设计流程。

（六）应用案例

Autodesk Dreamcatcher 已经在多个领域成功应用，例如航空航天、汽车、建筑等。以下是一个典型的应用案例：

在一个航天器零部件设计项目中，设计师需要设计一款既轻便又具有高强度的支架。为了实现这一目标，设计师使用 Dreamcatcher 进行生成设计。首先，设计师根据需求设定了设计目标（如最小化重量）和约束条件（如满足强度要求）。然后，Dreamcatcher 自动生成了数百个满足条件的设计方案，并根据重量和强度进行排序。最终，设计师从中选取了一个最优方案，并将其导入其他设计工具中进行细化和优化。

通过以上案例，我们可以看到，基于机器学习技术的产品设计软件如 Autodesk Dreamcatcher 在需求理解、设计方案生成、产品评估与优化等方面具有显著的优势。它可以帮助设计师更快地生成高质量的设计方案，同时降低设计成本和提高设计效率。因此，这类软件在未来的产品设计领域将发挥越来越重要的作用。

二、案例二：利用自然语言处理技术的设计辅助工具

随着人工智能技术的不断发展，自然语言处理（NLP）已经在众多领域取得了显著的应用成果，如文本分析、机器翻译、情感分析等。在产品设计领域，NLP 技术也逐渐显示出其巨大的潜力，尤其是在捕捉消费者需求、提供个性化设计建议等方面。本小节将分析一款利用自然语言处理技术的设计辅助工具——Adobe Sensei，探讨其在产品设计过程中的作用。

（一）Adobe Sensei 概述

Adobe Sensei 是一款基于自然语言处理技术的设计辅助工具，旨在帮助设计师更好地理解消费者需求、提供个性化的设计建议。该工具通过分析消费者在社交媒体、评论网站等平台上的言论，捕捉消费者对产品的喜好、需求和期望，从而为设计师提供有针对性的设计建议。

（二）需求捕捉与分析

Adobe Sensei 首先通过网络爬虫技术收集消费者在各大社交媒体、评

论网站等平台上的言论数据。然后，利用自然语言处理技术对这些言论进行分析，提取关键词、词组和主题，以发现消费者对产品的喜好、需求和期望。此外，Adobe Sensei 还可以根据消费者的地理位置、年龄、性别等信息，对需求进行细分，进一步揭示不同用户群体的特征和偏好。

（三）个性化设计建议

基于对消费者需求的分析，Adobe Sensei 能够为设计师提供个性化的设计建议。例如，在设计一款运动鞋时，Adobe Sensei 可以根据消费者的言论分析结果，提示设计师关注某些特定的功能（如舒适性、耐磨性等）、外观元素（如颜色、图案等）或者材料选择（如透气性、环保性等）。此外，Adobe Sensei 还能够根据不同用户群体的需求，为设计师提供更加精细化的建议，如针对年轻消费者的时尚元素、针对老年消费者的舒适性需求等。

（四）设计过程中的应用

在产品设计过程中，设计师可以将 Adobe Sensei 的建议与自身的创意相结合，形成更符合消费者需求的设计方案。具体来说，设计师可以在以下几个方面应用 Adobe Sensei 的功能：

需求分析阶段：在产品设计初期，设计师可以利用 Adobe Sensei 分析消费者的需求，为后续的概念设计提供有针对性的指导。通过对消费者需求的深入了解，设计师可以避免盲目地跟随市场趋势，确保设计方案真正满足潜在用户的需求。

概念设计阶段：在概念设计阶段，设计师可以参考 Adobe Sensei 的个性化建议，提出具有针对性的设计方案。例如，设计师可以根据消费者对舒适性、耐磨性等功能的需求，选择合适的结构和材料；同时，也可以参考消费者的审美偏好，设计出吸引人的外观造型。

详细设计阶段：在详细设计阶段，设计师可以根据 Adobe Sensei 的建议，进一步优化产品的细节设计。例如，设计师可以根据消费者对环保性的关注，选择可回收的材料和环保的生产工艺；同时，也可以根据不同用户群体的特征，设计出更加符合他们需求的尺寸、颜色等细节。

（五）效果评估与优化

除了在产品设计过程中提供建议，Adobe Sensei 还可以在产品发布后，通过持续收集和分析消费者的反馈，为设计师提供有关产品的效果评估和优化建议。例如，设计师可以根据消费者对产品的实际使用情况和满意度，发现产品存在的问题和不足，从而对设计进行优化迭代。这样，设计师可以及时了解产品在市场上的表现，以便在后续的产品设计中取得更好的效果。

三、案例三：结合计算机视觉技术的产品样品评估系统

（一）系统简介

计算机视觉技术在产品设计领域的应用逐渐受到关注，本案例将介绍一款名为 VisEval 的产品样品评估系统。VisEval 系统结合了计算机视觉技术，对产品样品进行质量检测和外观评估，提高了产品设计的效率和准确性。

（二）系统原理与技术

VisEval 系统利用计算机视觉技术，对产品样品的图像进行分析和处理。系统采用了以下关键技术：

图像处理：VisEval 首先对产品样品的图像进行预处理，如降噪、去除背景干扰等，以便后续分析。

特征提取：通过图像分析，VisEval 从产品样品中提取关键特征，如形状、尺寸、颜色、纹理等。

目标检测与识别：VisEval 利用目标检测和识别算法，如卷积神经网络（CNN）和支持向量机（SVM），对产品样品的关键部件进行识别和定位。

质量评估：VisEval 将产品样品的特征与预先设定的标准进行比较，计算出质量评分，从而判断产品是否达到设计要求。

（三）质量检测应用

VisEval 系统在产品质量检测方面具有明显优势。传统的质量检测方法通常依赖人工检查，效率较低且容易出现误判。而 VisEval 利用计算机视觉技术，可以自动化地对产品样品进行检测，大大提高了质量检测的速度和准确性。以下是 VisEval 在质量检测方面的主要应用：

尺寸检测：VisEval 可以对产品样品的尺寸进行精确测量，判断其是否

符合设计要求。例如，对于一款手机壳，VisEval 可以检测其厚度、宽度、长度等尺寸参数，确保它们在允许的误差范围内。

结构检测：VisEval 可以识别产品样品的关键结构，如螺丝孔、卡槽等，确保它们的位置和尺寸正确。此外，VisEval 还可以检测产品结构的完整性，如检查是否存在缺陷、破损等问题。

（四）外观评估应用

除了质量检测，VisEval 系统还可以用于产品外观评估。通过计算机视觉技术，VisEval 可以对产品样品的外观进行全方位的评价，提供有关颜色、纹理、光泽等方面的反馈。以下是 VisEval 在外观评估方面的主要应用：

颜色评估：VisEval 可以对产品样品的颜色进行精确分析，判断其是否符合设计要求。例如，对于一款家具产品，VisEval 可以检测其涂装颜色是否一致，颜色是否均匀，以及是否存在色差等问题。

纹理评估：VisEval 可以对产品样品的表面纹理进行分析，确保其符合设计要求。例如，对于一款皮革制品，VisEval 可以检测其纹理的清晰度、纹理的一致性等，从而判断产品的质量。

光泽评估：VisEval 可以对产品样品的光泽进行评估，判断其是否达到设计要求。例如，对于一款金属制品，VisEval 可以检测其表面光泽度是否符合标准，以及光泽是否均匀等。

整体外观评估：VisEval 系统可以对产品样品的整体外观进行评估，提供综合性的反馈。例如，对于一款汽车模型，VisEval 可以检测其车身线条是否流畅、车灯是否对称等，从而为设计师提供改进意见。

（五）优势与价值

VisEval 系统结合计算机视觉技术的产品样品评估，在产品设计领域具有显著的优势和价值：

提高效率：VisEval 可以自动化地进行产品样品的质量检测和外观评估，大大减少了人工检查的时间和成本。

提高准确性：VisEval 利用先进的计算机视觉技术，可以对产品样品进行精确的分析和评估，避免了人工检查过程中可能出现的误判。

可量化评估：VisEval 系统可以对产品样品的质量和外观提供量化的评

分，有助于设计师和生产商更客观地评价产品性能。

有利于产品优化：VisEval 系统可以为设计师提供关于产品样品的详细反馈，有助于设计师在设计过程中发现问题并进行优化。

VisEval 结合计算机视觉技术的产品样品评估系统为产品设计领域带来了新的可能，不仅提高了设计效率，还有助于提升产品质量。随着计算机视觉技术的进一步发展和普及，我们有理由相信 VisEval 等类似系统将在未来的产品设计过程中发挥越来越重要的作用。

（六）发展趋势与展望

计算机视觉技术在产品设计领域的应用仍然具有广阔的发展空间。随着技术的不断进步，VisEval 等评估系统未来可能会出现以下发展趋势：

实时评估与反馈：VisEval 系统可以进一步提高评估速度，实现实时的产品样品质量检测和外观评估，为设计师提供即时反馈，有助于在设计过程中更快地发现和解决问题。

集成更多技术：VisEval 系统可以与其他人工智能技术（如自然语言处理、机器学习等）相结合，提供更全面、更智能的产品设计支持。

跨领域应用：VisEval 系统不仅可以应用于产品设计领域，还可以扩展到其他相关领域，如制造、质量控制等，进一步拓宽其应用范围。

智能优化建议：VisEval 系统可以利用机器学习和数据挖掘技术分析历史评估数据，为设计师提供智能优化建议，协助设计师改进产品设计。

随着技术的不断创新和发展，VisEval 等系统将为产品设计师提供更加高效、准确和智能的设计支持，有望引领产品设计领域迈向新的高峰。

四、案例四：应用人机交互技术的虚拟现实设计平台

（一）SketchUp 简介

SketchUp 是一款易学易用的三维建模软件，广泛应用于建筑设计、室内设计、景观设计和产品设计等领域。通过与虚拟现实（VR）技术相结合，SketchUp 实现了更加直观的设计体验，提高了设计师与消费者的沟通效率，降低了设计迭代成本。

(二)SketchUp 的特点

直观性:SketchUp 具有直观的用户界面和操作方式,使得设计师可以快速上手并高效地进行三维建模。同时,SketchUp 支持 VR 设备,如头戴式显示器等,用户可以通过 VR 设备直接进入三维场景,实现身临其境的设计体验。

丰富的模型库:SketchUp 拥有一个庞大的模型库,包含了大量的建筑、家具、植物等模型资源。设计师可以直接从模型库中挑选所需元素,将其添加到设计场景中,缩短设计时间。

跨平台兼容性:SketchUp 支持多种操作系统和设备,包括桌面计算机、笔记本、平板电脑等。设计师可以在不同设备之间无缝切换,方便地进行设计工作。

丰富的插件生态:SketchUp 支持第三方插件扩展,用户可以根据需求安装不同的插件,以实现更多高级功能。这些插件包括渲染、动画、参数化建模等功能,满足了设计师在不同设计阶段的需求。

(三)SketchUp 与虚拟现实技术的结合

SketchUp 结合虚拟现实技术,为设计师提供了更加直观的设计体验。设计师可以通过头戴式显示器进入虚拟现实环境,对设计方案进行详细的审查和修改。消费者也可以通过 VR 设备体验设计方案,对设计方案提出建议和要求。这种沉浸式的设计体验有利于提高设计师与消费者之间的沟通效率,降低设计迭代成本。

(四)SketchUp 在提高设计师与消费者沟通效率方面的作用

直观的设计呈现:通过 SketchUp 和 VR 技术的结合,设计师可以将设计方案以三维立体的形式呈现给消费者,消费者可以在虚拟环境中自由漫游,全方位地查看和体验设计方案。这种直观的呈现方式有助于消费者更好地理解设计师的意图,提高沟通的效率。

实时交流与修改:在虚拟现实环境中,设计师与消费者可以实时地进行交流与讨论。当消费者对设计方案提出修改建议时,设计师可以立即在场景中进行调整,消费者则可以立即看到修改后的效果。这种实时交流与修改方式大大提高了沟通效率,缩短了设计周期。

提前发现问题:通过虚拟现实技术,设计师和消费者可以在设计阶段就发现潜在的问题,如空间布局不合理、材料搭配不协调等。及早发现问题有助于避免在实际生产过程中出现错误,降低返工成本。

(五)SketchUp在降低设计迭代成本方面的影响

快速设计与修改:SketchUp具有直观的操作方式和丰富的模型库,使得设计师可以快速完成设计方案,并在消费者的要求下进行修改。这有助于减少设计阶段的时间成本,降低设计迭代成本。

避免生产阶段的错误:通过SketchUp和虚拟现实技术,设计师和消费者可以在设计阶段就发现潜在的问题,并及时进行修改。这有助于避免在生产阶段出现错误,减少返工和材料浪费,从而降低设计迭代成本。

减少实体模型制作:传统的设计流程中,设计师需要制作实体模型以供消费者审查,而通过SketchUp和虚拟现实技术,消费者可以直接在虚拟环境中体验设计方案,减少了实体模型制作的需求。这有助于降低材料和人力成本,进一步降低设计迭代成本。

结合虚拟现实技术的SketchUp平台为设计师与消费者提供了更直观、高效的沟通方式,降低了设计迭代成本。通过实时交流与修改、提前发现问题以及减少实体模型制作等方式,SketchUp不仅提高了设计师与消费者之间的沟通效率,还有助于避免在生产阶段出现错误,降低了设计迭代成本。这种创新的设计方法有望在未来的产品设计领域得到更广泛的应用。

本章总结

本章围绕产品设计与人工智能的基本理论进行了深入探讨,从产品设计的基本概念与原则、个性化定制产品设计的特点与挑战,到人工智能的基本原理与技术以及在产品设计中的应用案例分析,为读者提供了全面的理论知识和实践参考。

首先介绍了产品设计的基本概念与原则,从产品设计的定义、目的、过程和原则四个方面进行了详细阐述。产品设计旨在解决用户需求,创造价值,通过功能性、可用性、美观性和可制造性等原则引导设计过程。本节为理解产品设计的核心概念和原则奠定了基础。

重点讨论了个性化定制产品设计的特点与挑战。个性化定制产品设计具有高度个性化、设计创新性和生产过程复杂性等特点，同时也面临需求理解与捕捉、设计方案生成、成本控制和生产过程管理等方面的挑战。本节揭示了个性化定制产品设计的核心问题和需求，为后续研究提供了方向。

深入剖析了人工智能的基本原理与技术，包括人工智能技术概述、机器学习与深度学习、自然语言处理、计算机视觉和人机交互等方面。本节通过详细介绍各种人工智能技术的基本原理和应用场景，帮助读者全面了解人工智能技术，并为后续分析人工智能在产品设计领域的应用奠定了理论基础。

通过四个典型案例，分析了人工智能在产品设计中的应用。这些案例涵盖了基于机器学习技术的产品设计软件、利用自然语言处理技术的设计辅助工具、结合计算机视觉技术的产品样品评估系统以及应用人机交互技术的虚拟现实设计平台等方面，展示了人工智能技术在产品设计领域的实际应用效果和潜力。

总结来说，本章全面阐述了产品设计与人工智能的基本理论，通过对个性化定制产品设计的特点与挑战的探讨，揭示了人工智能技术在产品设计领域的价值所在。本章还深入剖析了人工智能的基本原理与技术，从机器学习与深度学习、自然语言处理、计算机视觉到人机交互等多个方面为读者提供了全面的技术知识。最后，通过实际应用案例分析，展示了人工智能在产品设计领域的广泛应用和潜在价值。

通过对产品设计与人工智能基本理论的深入探讨，我们可以得出以下几点结论：

产品设计的核心目标是满足用户需求，创造价值。个性化定制产品设计作为一种创新趋势，需要克服需求理解与捕捉、设计方案生成、成本控制和生产过程管理等方面的挑战，以实现高度个性化、设计创新性和生产过程复杂性等特点。

人工智能技术具有巨大的应用潜力，可以有效地解决产品设计领域的关键问题。通过运用机器学习与深度学习、自然语言处理、计算机视觉和人机交互等技术，人工智能可以辅助设计师更好地理解用户需求、生成优秀设计方案、评估和优化产品，以及实现有效的人机交互。

人工智能技术在产品设计领域的应用将不断拓展和深化。随着人工智能技术的进一步发展和创新，其在产品设计领域的应用将更加广泛，为设计师提供更多智能化、高效的设计辅助工具和平台。

人工智能技术对产品设计领域的影响将持续深化。未来，人工智能技术将对产品设计流程、设计师角色以及设计产业等方面产生深远影响，推动产品设计领域实现创新和升级。

本章通过对产品设计与人工智能基本理论的全面阐述，为后续研究奠定了扎实的理论基础。同时，通过实际应用案例分析，展示了人工智能在产品设计领域的广泛应用和潜在价值，为设计师和研究者提供了有益的参考和启示。

第二章　个性化定制产品设计理论框架

第一节　设计需求分析与用户画像

用户画像在个性化定制产品设计中具有重要作用，可以帮助设计师深入理解用户需求，精准定位目标市场，提高设计效果和用户满意度。本节将阐述如何利用用户数据建立用户画像，并分析用户画像在需求分析中的应用，同时，将讨论人工智能技术在用户画像构建中的优势及实践案例。通过运用人工智能技术，企业可以高效地构建用户画像，提升产品设计质量和市场竞争力。

一、需求分析方法

在个性化定制产品设计中，需求分析是至关重要的一环，它直接关系到产品设计能否满足用户的个性化需求。需求分析方法有很多种，如访谈、问卷调查、数据挖掘等。本小节将详细介绍这些方法，并分析它们与人工智能技术结合的优势。

（一）访谈

访谈是一种获取用户需求的直接方式，通过与潜在用户面对面交流，了解他们的需求、痛点、期望和使用场景等信息。访谈可以分为结构化访谈、半结构化访谈和非结构化访谈。结构化访谈有固定的问题和问题顺序，而半结构化访谈和非结构化访谈则更灵活，可以根据访谈过程中的情况调整问题和讨论方向。

访谈在需求分析中的优势在于可以获得丰富、详细的用户信息，发掘用户深层次的需求和动机。然而，访谈也存在一定的局限性，如所需时间较长、成本较高，难以获取大量用户的信息。与人工智能技术结合，可以通过自然语言处理(NLP)技术对访谈数据进行分析和挖掘，提取关键信息，发现用户需求的共性和特点。此外，机器学习算法还可以用于分析访谈数据中的情感倾向，帮助设计师更好地理解用户的情感需求。

(二)问卷调查

问卷调查是一种通过设计问卷收集用户信息和需求的方法,可以在较短时间内获取大量用户的数据。问卷调查可以分为纸质问卷调查、电子问卷调查和在线问卷调查等,通过设置单选题、多选题、填空题、排序题等题型,可以收集用户的基本信息、使用习惯、购买意愿、满意度等方面的数据。

问卷调查的优势在于能够快速、低成本地获取大量用户数据,适用于对需求进行量化分析。问卷调查的局限性在于难以获取用户深层次的需求和动机数据,以及可能受到参与者主观因素的影响。与人工智能技术结合,可以利用机器学习算法对问卷数据进行聚类分析、关联规则挖掘等,发现用户需求的潜在模式和趋势。此外,人工智能技术还可以辅助设计师优化问卷设计,通过预测用户回答情况来调整题目设置,提高问卷的有效性和准确性。

(三)数据挖掘

数据挖掘是一种从大量数据中提取有价值信息的技术,涉及数据预处理、特征选择、模型建立和结果评估等环节。在个性化定制产品设计中,数据挖掘可以帮助分析用户行为数据、消费数据、社交网络数据等,发现用户需求的潜在规律和趋势。

数据挖掘在需求分析中的优势在于能够处理大规模数据,挖掘用户需求的隐性和复杂特征。数据挖掘的局限性在于可能受到数据质量和数据来源的影响,以及难以解释挖掘结果的含义。与人工智能技术结合,可以利用深度学习、强化学习等先进算法对数据挖掘过程进行优化,提高挖掘效果和可解释性。此外,人工智能技术还可以辅助设计师对挖掘结果进行可视化展示和解读,以支持决策和设计。

综上所述,访谈、问卷调查和数据挖掘等需求分析方法在个性化定制产品设计中具有重要价值。与人工智能技术结合,可以充分挖掘用户需求的深层次和复杂特征,为产品设计提供更有力的支持。在实际应用中,设计师可以根据产品特点、目标用户和项目需求等因素,灵活选择并组合这些方法,以实现对用户需求的全面、准确把握。

二、用户画像构建

用户画像是对用户群体特征和需求的抽象和综合描述，包括基本信息、行为特征和偏好等维度。用户画像在个性化定制产品设计中具有重要作用，可以帮助设计师更好地理解用户需求，精准定位目标市场，提高设计效果和用户满意度。

（一）用户画像构建的过程

1. 数据收集

收集用户数据是构建用户画像的基础，涉及多种数据来源和类型。常见的数据来源包括用户注册信息、交易记录、浏览行为、社交网络等，可以通过主动调查、日志分析、数据挖掘等方法获取。在数据收集过程中，需要注意保护用户隐私和数据安全，遵循相关法规和伦理要求。

2. 数据预处理

由于用户数据可能存在缺失、异常和噪声等问题，需要进行预处理以提高数据质量。常用的数据预处理方法包括数据清洗、数据填充、数据转换和数据归一化等。在预处理过程中，可以利用人工智能技术对数据进行自动化处理和优化，提高预处理效果和效率。

3. 特征工程

特征工程是从原始数据中提取和构造有价值特征的过程，对用户画像构建的效果有关键影响。常见的特征工程方法包括特征选择、特征提取和特征构造等。在特征工程中，可以运用人工智能技术自动发现特征之间的关联和潜在规律，提高特征的代表性和区分度。

4. 用户分群

用户分群是将用户按照特征和需求划分为不同的子群体，这有助于发现用户群体的细分特点和需求差异。常用的用户分群方法包括聚类分析、决策树、潜在类别分析等。在用户分群过程中，可以借助人工智能技术对分群结果进行优化和解释，以支持精细化营销和个性化设计。

5. 用户画像描述

用户画像描述是将用户群体特征和需求用文字、图表等形式进行直观展示和总结。在描述过程中，需要关注用户画像的可读性和可用性，为设计师提供清晰的参考依据和指导方向。用户画像描述通常包括以下几个方面：

(1)基本信息：包括用户的年龄、性别、地域、职业、学历等人口统计学特征，可以帮助设计师了解用户的整体背景和属性。

(2)行为特征：包括用户的购买、浏览、收藏、评论等在线行为，以及使用产品的频率、时长、场景等实际情况，可以揭示用户的喜好和需求动态。

(3)偏好分析：包括用户对产品功能、结构、外观、交互等方面的喜好和评价，可以指导设计师进行个性化设计和优化。

(二)人工智能技术在用户画像构建中的优势及实践案例

1.优势分析

(1)高效处理大量数据：人工智能技术具有强大的数据处理能力，可以快速分析和挖掘海量用户数据，提高用户画像构建的效率。

(2)自动发现潜在规律：人工智能技术可以自动学习数据中的特征和规律，帮助设计师深入理解用户需求，发现潜在的市场机会。

(3)精准预测用户行为：人工智能技术具有较强的预测能力，可以预测用户未来的行为和偏好，为个性化定制产品设计提供科学依据。

(4)实时更新用户画像：人工智能技术可以实时更新用户画像，根据用户行为和反馈进行调整和优化，保持用户画像的时效性和准确性。

2.实践案例

(1)中国知名电商平台京东运用人工智能技术进行用户画像构建，通过分析用户购物记录、浏览历史、点击行为等数据，发现用户的消费习惯、品牌偏好和价值观等特征。基于用户画像，电商平台为每个用户推荐个性化的商品和活动，提高用户满意度和购物转化率。

(2)宜家家居利用人工智能技术分析客户的设计需求和审美偏好，根据客户的生活场景、家庭结构、收入水平等信息，为客户提供个性化的家具设计方案。用户画像帮助企业更好地满足客户的个性化需求，提升客户满意度。

(3)特斯拉汽车制造商采用人工智能技术分析用户在社交媒体上的言论和行为，构建用户画像并识别目标客户群。通过分析用户对汽车品牌、外观、性能、配置等方面的关注和讨论，该制造商精准地了解用户需求，从而设计出符合市场需求的个性化汽车产品。此外，人工智能技术还帮助企业实时监测用户对新产品的反馈，为产品迭代优化提供有力支持。

(4)华为智能手机厂商结合人工智能技术和大数据分析方法，构建用户画像并开展市场细分。通过挖掘用户的社交属性、生活习惯、消费心理等特征，该厂商精细化营销策略，为不同群体的用户提供定制化的智能手机。基于用户画像，智能手机厂商还能优化产品设计，增强用户体验，提高市场竞争力。

第二节 智能设计建模与优化

本节将通过若干案例分析体现出人工智能技术在个性化定制产品设计过程中的优化策略具有的显著优势。这些优势主要体现在快速生成多样化的设计方案、筛选最优或较优方案、成本与效益分析、设计迭代与调整等方面。运用人工智能技术辅助设计师进行方案优化和评估，以及实现高效迭代，有助于提高设计质量和满足用户需求。

一、设计建模方法

设计建模是将设计需求和概念转化为可实现的设计方案的过程。基于人工智能技术的设计建模方法在个性化定制产品设计中发挥着重要作用，它们能够根据用户需求自动生成设计方案并对其进行优化。本小节将介绍遗传算法、神经网络和支持向量机等人工智能设计建模方法，并探讨各种方法在不同设计场景下的适用性和优缺点。

(一)遗传算法

遗传算法(genetic algorithm, GA)是一种基于自然选择和遗传学原理的全局搜索优化算法。它通过模拟生物进化过程中的遗传、变异、交叉等操作，从而在搜索空间内寻找最优解。遗传算法在产品设计领域的应用广泛，如结构优化、工艺参数优化、布局优化等。

适用性与优缺点：

(1)适用性：遗传算法在需要全局搜索和寻找最优解的设计场景中具有

较好的适用性，如多目标优化问题、组合优化问题等。

(2)优点：遗传算法具有较强的全局搜索能力，能够在较短时间内找到接近最优解的方案；算法易于实现，扩展性强。

(3)缺点：遗传算法对参数设置敏感，参数调整过程较为烦琐；算法收敛速度较慢，可能需要较长时间才能获得满意解。

(二)神经网络

神经网络(neural network，NN)是一种模拟生物神经系统的机器学习模型，包括输入层、隐含层和输出层等多层结构。神经网络能够从输入数据中学习特征表示，并利用这些表示进行预测、分类等任务。在产品设计领域，神经网络可用于模式识别、功能预测、用户需求分析等方面。

适用性与优缺点：

(1)适用性：神经网络在需要处理大量数据、挖掘数据隐藏信息的设计场景中具有较好的适用性，如图像识别、自然语言处理等。

(2)优点：神经网络具有较强的自适应能力和泛化能力，能够处理复杂、非线性的问题；算法具有较好的容错性，能够适应噪声数据。

(3)缺点：神经网络的训练过程可能需要较长时间；算法的可解释性较差，模型内部结构较为复杂，不易理解；对训练数据的质量和数量要求较高。

(三)支持向量机

支持向量机(support vector machine，SVM)是一种基于统计学理论的监督学习模型，主要用于分类和回归问题。SVM通过寻找一个最优超平面将数据分割成两个或多个类别，以达到最大化分类间隔的目的。在产品设计领域，支持向量机可用于用户需求预测、设计方案评价等任务。

适用性与优缺点：

(1)适用性：支持向量机在需要进行分类或回归分析的设计场景中具有较好的适用性，如用户画像分析、设计方案筛选等。

(2)优点：支持向量机具有较强的泛化能力，尤其在小样本数据集上表现优异；算法对噪声数据具有较好的容忍性；通过核函数技巧可以处理非线性问题。

(3)缺点：支持向量机的训练过程较慢，尤其在大规模数据集上；算法的可解释性较差，模型参数难以理解；对于多分类问题，需要构建多个二分类模型进行组合。

综上所述，遗传算法、神经网络和支持向量机等人工智能设计建模方法在个性化定制产品设计中各具优势。遗传算法适用于全局搜索和优化问题，神经网络适用于处理大量数据和挖掘数据隐藏信息的场景，支持向量机则适用于分类和回归分析任务。在实际应用中，设计师可以根据具体问题和需求选择合适的建模方法，并充分利用这些方法的优势进行设计优化。同时，设计师也需要关注这些方法的缺点和局限性，以避免可能出现的问题。

在个性化定制产品设计中，人工智能设计建模方法的应用不仅能够提高设计效率和质量，还有助于满足用户的个性化需求。通过将这些方法与传统设计方法相结合，设计师可以更好地应对个性化定制产品设计的挑战，为用户提供高质量的产品和服务。

二、优化策略

个性化定制产品设计的优化策略主要包括以下几个方面：需求分析与满足度评价、方案生成与优选、成本与效益分析、设计迭代与调整。人工智能技术在这些方面具有显著的优势，可以辅助设计师进行方案优化和评估，实现高效迭代。

（一）需求分析与满足度评价

需求分析是个性化定制产品设计的基础，其目的是准确把握用户需求并将其转化为具体的设计指标。通过运用自然语言处理、数据挖掘等人工智能技术，设计师可以更有效地获取、分析和理解用户需求。此外，设计师可以通过建立用户满足度评价模型，对设计方案进行评估，以确保其满足用户需求。

（二）方案生成与优选

在个性化定制产品设计中，方案生成和优选是关键环节。基于人工智能技术的设计建模方法，如遗传算法、神经网络、支持向量机等，可以辅助设计师快速生成多样化的设计方案。同时，这些方法可以帮助设计师从众多方案中筛选出最优或者较优方案，以满足用户的个性化需求。在方案优选过程中，设计师还需要考虑成本、时间、技术可行性等因素，以确保设计方案的可实施性。

(三)成本与效益分析

成本与效益分析是个性化定制产品设计中的重要环节，其目的是在满足用户需求的同时，实现设计成本的最小化和效益的最大化。人工智能技术，如机器学习和优化算法，可以辅助设计师进行成本与效益分析，以实现资源的合理分配和利用。设计师可以根据分析结果对设计方案进行调整，以提高产品的性价比和竞争力。

(四)设计迭代与调整

设计迭代与调整是个性化定制产品设计的持续优化过程。通过运用人工智能技术，如计算机视觉、虚拟现实等，设计师可以在较短时间内对设计方案进行可视化评估和修改。同时，设计师还可以利用用户反馈数据进行实时调整，以提高设计质量和用户满意度。

综上所述，人工智能技术在个性化定制产品设计过程中的优化策略具有显著优势。以下从几个方面对优化策略的实践案例进行分析。

1.案例一：基于神经网络的鞋类个性化定制设计

在鞋类个性化定制设计中，设计师需要考虑用户的脚型、尺寸、舒适度和个性化需求。通过使用神经网络技术，设计师可以快速生成多种款式的鞋类设计方案。同时，神经网络还可以帮助设计师从众多方案中筛选出最优或较优方案，满足用户的个性化需求。设计师还可以根据成本与效益分析结果对设计方案进行调整，以提高产品的性价比和竞争力。

2.案例二：基于遗传算法的家具个性化定制设计

家具个性化定制设计需要考虑用户的生活习惯、空间布局和个性化需求。运用遗传算法技术，设计师可以生成多样化的家具设计方案，并根据用户需求、成本和技术可行性等因素进行优选。同时，设计师可以通过迭代优化策略对设计方案进行持续调整，以提高设计质量和用户满意度。

3.案例三：基于支持向量机的服装个性化定制设计

在服装个性化定制设计中，设计师需要充分了解用户的身材、风格和个性化需求。支持向量机技术可以辅助设计师生成多种款式的服装设计方案，并从中筛选出最佳方案。设计师还可以利用用户反馈数据进行实时调整，提高设计质量和用户满意度。

第三节　产品功能、结构和外观设计

本节将介绍人工智能技术在产品外观设计中的应用，包括色彩搭配、造型选择等，以及外观设计中的智能化案例与实践。随着人工智能技术的不断发展，其在产品外观设计领域的应用将更加广泛，帮助设计师实现更高效、个性化的设计方案，从而满足消费者个性化的审美需求。

一、产品功能设计

在个性化定制产品设计中，产品功能设计是至关重要的一环。基于人工智能技术的功能设计可以帮助设计师更准确地满足用户的个性化需求，提高产品的竞争力。

(一)如何基于人工智能技术进行功能设计，满足个性化需求

基于人工智能技术的功能设计可以从以下几个方面满足个性化需求：

需求预测：通过对用户数据进行分析，人工智能技术可以预测潜在用户的需求，从而为设计师提供有针对性的功能设计建议。这样，设计师可以提前制定相应的设计策略，为用户提供更加个性化的产品。

功能推荐：人工智能技术可以根据用户画像、偏好和行为数据为用户推荐合适的功能组合。这样，用户可以根据自身需求选择最适合自己的功能，提高产品的使用体验。

功能优化：通过分析用户使用过程中的反馈数据，人工智能技术可以对功能进行优化，使产品更符合用户的实际需求。这有助于提高产品的满意度和用户黏性。

(二)如何权衡功能与成本的关系

在进行功能设计时，权衡功能与成本的关系至关重要。以下几点可以

指导设计师在权衡功能与成本的关系时做出正确决策：

明确功能与成本的关系：在产品设计过程中，功能的增加往往伴随着成本的提高。设计师需要明确功能与成本之间的关系，确保在满足用户需求的同时控制成本。

设定功能优先级：设计师应根据用户需求和市场竞争状况设定功能优先级，确保在有限的资源下优先实现关键功能。同时，设计师还需要考虑功能的实现难度和技术可行性，以确保功能的实现和成本控制。

成本与效益分析：在功能设计过程中，设计师需要进行成本与效益分析，评估功能实现的成本与其带来的效益。这样，设计师可以更加明确地确定哪些功能应该保留，哪些功能可以舍弃或推迟实现。

（三）功能设计中的智能化案例与实践

1. 案例一：基于人工智能的健康管理智能手环

智能手环已经成为健康管理的重要工具。在功能设计中，设计师利用人工智能技术对用户的运动数据、心率、睡眠质量等进行实时分析，为用户提供个性化的健康建议。此外，智能手环还可以根据用户的健康状况和运动习惯为用户推荐合适的运动方案。通过对大量用户数据的分析，智能手环可以不断优化其功能设计，提供更加精准的健康管理服务。

2. 案例二：基于人工智能的智能家居系统

智能家居系统已经成为现代家庭的重要组成部分。在功能设计中，设计师利用人工智能技术为用户提供个性化的家居控制方案。例如，根据用户的生活习惯和喜好，智能家居系统可以自动调节室内温度、照明、音乐等。此外，智能家居系统还可以通过分析用户的使用数据为用户提供节能建议。随着用户数据的不断积累，智能家居系统可以进一步优化功能设计，提供更加智能化的家居体验。

3. 案例三：基于人工智能的在线教育平台

在线教育平台正逐渐改变传统教育模式。在功能设计中，设计师利用人工智能技术为学生提供个性化的学习方案。通过对学生的学习数据进行分析，平台可以为学生推荐合适的课程、教材和学习资源。同时，平台还可以根据学生的学习进度和效果为教师提供教学建议。这样，在线教育平台可以实现精准教学，提高学生的学习效果。

总结来说，基于人工智能技术的功能设计能够更好地满足用户的个性化需求。在功能设计过程中，设计师需要充分利用人工智能技术进行需求预测、功能推荐和优化。同时，设计师还需要权衡功能与成本的关系，确保在满足用户需求的同时控制成本。通过不断实践和探索，人工智能技术将在功能设计中发挥越来越重要的作用。

二、产品结构设计

在个性化定制产品设计中，产品结构设计是至关重要的环节。设计师需要在有限的空间内合理安排各个组件，以实现产品的模块化、灵活性和可拓展性。人工智能技术在这一领域具有广泛的应用前景，可以帮助设计师更有效地完成结构设计任务。

（一）人工智能技术在结构设计中的应用

1.优化算法

人工智能技术可以通过遗传算法、粒子群优化算法等进行结构设计优化。这些算法能够在解空间中搜索到最优解，帮助设计师在满足约束条件的前提下，实现产品结构的最优化。例如，遗传算法可以通过种群选择、交叉和变异等操作搜索到最佳结构方案，从而提高产品的性能和降低成本。

2.机器学习与深度学习

机器学习和深度学习算法可以对大量的设计数据进行分析，从而发现隐藏在数据中的结构设计规律。这些规律可以指导设计师进行更加合理的结构布局。例如，卷积神经网络（CNN）可以在设计数据中自动学习到有用的特征，辅助设计师进行结构优化。

3.拓扑优化

拓扑优化是一种基于人工智能技术的结构设计方法，旨在最小化结构重量的同时满足设计约束条件。通过拓扑优化，设计师可以获得高性能、轻量化的结构方案。这种方法在航空、汽车等领域具有广泛的应用。

（二）人工智能技术在结构设计中的应用实例

1.案例一：汽车结构优化

在汽车结构设计中，人工智能技术可以辅助设计师优化车身结构，降低重量并提高安全性。通过拓扑优化、遗传算法等方法，设计师可以得到更加合理的结构布局，提高汽车的燃油经济性和碰撞安全性。

2.案例二：建筑结构设计

在建筑结构设计中，人工智能技术可以帮助设计师寻找最优的结构方案。例如，利用遗传算法进行钢结构布局优化，可以在满足建筑功能和美观要求的前提下，实现结构重量的最小化。此外，基于深度学习的算法可以分析大量的建筑设计数据，发现有效的设计规律，为设计师提供参考。

3.案例三：航空航天领域

在航空航天领域，人工智能技术在结构设计中的应用具有重要意义。为了提高飞行器的性能，降低重量，设计师需要对复杂的结构进行优化。通过运用拓扑优化、粒子群优化等方法，可以找到满足设计约束条件的最优结构方案。例如，基于人工智能技术的优化设计方法已被应用于飞机翼型、发动机支架等关键部件的设计中。

4.案例四：消费电子产品

在消费电子产品领域，人工智能技术可以辅助设计师进行结构优化，提高产品的性能和用户体验。例如，在手机设计中，设计师可以利用机器学习算法分析大量的用户数据，发现手机结构与用户使用习惯之间的关系，从而优化手机的布局和结构设计。此外，基于人工智能技术的拓扑优化方法可以帮助设计师实现轻量化、紧凑型的产品结构。

人工智能技术在产品结构设计中具有广泛的应用前景。通过运用优化算法、机器学习、深度学习等方法，设计师可以在满足设计约束条件的前提下，实现产品结构的优化。同时，这些方法在不同领域的实际应用中已经取得了显著的成果。随着人工智能技术的不断发展，其在结构设计中的应用将会越来越广泛，为设计师提供更多的设计灵感和解决方案。

三、产品外观设计

在个性化定制产品设计中，外观设计是至关重要的一个环节。外观设计不仅涉及产品的美观性，还关系到产品与用户的情感联系。随着人工智能技术的发展，越来越多的设计师开始尝试将人工智能技术应用于外观设计过程中，以满足消费者个性化的审美需求。本小节将介绍如何运用人工智能技术进行外观设计，包括色彩搭配、造型选择等，并分析外观设计中的智能化案例与实践。

(一)人工智能技术在产品外观设计中的应用

1.色彩搭配

色彩是产品外观设计中的重要元素,直接影响消费者的购买决策。人工智能技术可以辅助设计师进行色彩搭配,提高设计效率和质量。基于深度学习的色彩推荐系统可以分析大量的设计案例,从而为设计师提供符合消费者喜好的色彩搭配方案。此外,人工智能技术还可以通过分析消费者的社交媒体数据,挖掘消费者的个性化色彩喜好,从而实现更加精准的色彩搭配。

2.造型选择

在产品外观设计中,造型选择直接影响产品的美观性和品牌形象。通过运用人工智能技术,设计师可以在众多的造型方案中迅速找到最符合消费者需求的设计。基于遗传算法、粒子群优化等优化算法,可以实现对多个设计方案的快速评估和优化。此外,基于深度学习的风格迁移技术可以帮助设计师将某一设计风格应用于新的产品外观设计中,从而实现个性化定制。

(二)外观设计中的智能化案例与实践

1.案例一:汽车外观设计

在汽车外观设计中,人工智能技术已经得到了广泛应用。基于深度学习的汽车造型生成系统可以根据设计师的输入,自动生成符合要求的汽车造型方案。此外,人工智能技术还可以辅助设计师进行车身颜色、车身线条等细节设计,从而实现个性化定制。

2.案例二:家居产品设计

在家居产品设计领域,人工智能技术同样表现出色。设计师可以利用基于深度学习的推荐系统,根据消费者的喜好和家居风格,为他们推荐合适的家具和家居用品。同时,人工智能技术还可以通过分析消费者的家居布局、家庭成员构成等信息,为设计师提供个性化的家居方案。此外,基于虚拟现实(VR)和增强现实(AR)技术的家居设计应用,可以让消费者在购买前预览产品在家中的实际效果,从而提高购买满意度。

3.案例三:服装设计

在服装设计领域,人工智能技术为设计师提供了更多的创意灵感和设计方案。基于深度学习的图像识别技术,可以帮助设计师迅速收集和分析时尚潮流、服装款式等信息。此外,人工智能技术还可以辅助设计师进行面料选择、颜色搭配、图案设计等细节设计。例如,基于人工智能的智能纺织系统可以根据消费者的需求,自动推荐适合的面料和颜色。同时,基于计算机视觉的图案设计系统,可以自动生成符合消费者个性化需求的图案设计方案。

4.案例四:包装设计

包装设计是产品营销的重要手段,直接影响产品的销售和品牌形象。人工智能技术在包装设计领域的应用,可以帮助设计师更高效地完成设计任务。基于深度学习的包装设计生成系统,可以根据设计师的需求,自动为产品生成合适的包装方案。此外,人工智能技术还可以辅助设计师进行包装材料选择、包装结构优化等工作。例如,基于人工智能的环保材料推荐系统,可以根据产品的使用场景和消费者需求,推荐环保性能优越的包装材料。

第四节 交互设计与体验设计

一、交互设计原则

交互设计是产品设计中非常重要的一个环节,它关系到用户与产品之间的沟通和理解。基于人工智能技术的交互设计,需要遵循一定的原则,以提高产品的易用性、可理解性和用户满意度。本小节将阐述基于人工智能技术的交互设计原则,包括一致性、可预测性、可控性等,并分析这些原则在实际设计中的应用。

(一)一致性

一致性原则要求产品在不同功能、场景和状态下,保持一致的交互方式和视觉表现。一致性原则有助于提高用户的学习效率,降低使用难度,提升

用户体验。在基于人工智能的交互设计中,一致性原则的应用主要包括以下几个方面:

视觉一致性:设计师需要确保产品的视觉元素(如图标、颜色、字体等)在整个产品中保持一致,以便用户更容易地识别和理解。

操作一致性:产品的操作方式(如点击、滑动、拖拽等)应在不同场景和功能下保持一致,以降低用户的学习成本。

反馈一致性:产品在执行操作后,应提供一致的反馈信息(如提示音、弹窗等),以便用户了解操作结果和系统状态。

语言一致性:产品中使用的文本、提示信息和错误信息等,应保持一致的语言风格和表达方式,以提高用户的理解度。

(二)可预测性

可预测性原则要求产品的交互设计符合用户的预期,让用户能够准确地预测操作结果。在基于人工智能的交互设计中,可预测性原则的应用主要体现在以下几个方面:

界面布局:设计师需要合理安排界面元素的位置和层级关系,确保用户能够轻松地找到需要的功能和信息。

功能逻辑:产品的功能设计应遵循用户的使用习惯和认知规律,使用户能够准确地预测和理解功能的作用和效果。

状态变化:设计师应确保产品在状态变化时(如禁用、选中、错误等),提供清晰的视觉和文字提示,帮助用户预测操作结果。

智能推荐:基于人工智能技术的智能推荐功能,应根据用户的行为、兴趣和偏好等信息,提供个性化的推荐内容,以满足用户的预期。

(三)可控性

可控性原则要求产品为用户提供充分的控制权,使用户能够自主地进行操作和决策。在基于人工智能的交互设计中,可控性原则的应用主要体现在以下几个方面:

信息披露:产品应为用户提供足够的信息,以便用户了解产品的功能、状态和数据等,从而做出合适的决策。

操作权限:设计师需要确保用户具有足够的操作权限,以便用户能够自主地进行功能设置、数据管理和权限分配等。

可撤销性：产品的交互设计应允许用户撤销或修改操作，以便用户纠正错误或调整决策。

透明度：基于人工智能技术的产品，应在合适的程度上，为用户披露算法原理、数据来源和处理方式等，以提高用户的信任度和可控感。

在实际设计中，这些交互设计原则可以通过以下方式应用：

设计指南：设计师可以参考行业标准和设计规范，制定一套适用于产品的交互设计指南，以确保设计的一致性、可预测性和可控性。

用户测试：设计师可以通过用户测试、专家评审等方法，评估产品的交互设计是否符合原则，及时发现和解决设计问题。

迭代优化：设计师需要根据用户反馈和使用数据，持续优化产品的交互设计，以提高用户体验和满意度。

总结起来，基于人工智能技术的交互设计原则包括一致性、可预测性和可控性等，这些原则在实际设计中的应用有助于提高产品的易用性、可理解性和用户满意度。通过遵循这些原则，设计师可以为用户提供更加人性化、智能化的交互体验。

二、体验设计策略

利用人工智能技术提升产品的用户体验是现代产品设计的重要趋势。

（一）易用性

人工智能技术可以通过以下方式提高产品的易用性：

语义理解：通过自然语言处理技术，产品可以理解用户的语言输入，从而提供更加直观和自然的交互方式。例如，智能语音助手可以帮助用户完成各种任务，如查询天气、播放音乐和设定提醒等。

自动化操作：利用机器学习技术，产品可以根据用户的操作习惯和偏好，自动完成一些操作，从而减轻用户的操作负担。例如，智能家居系统可以自动调整室内温度和照明，以满足用户的舒适度需求。

个性化界面：通过分析用户的使用数据，产品可以为用户提供个性化的界面布局和功能设置，从而提高操作效率。例如，智能手机应用可以根据用户的使用频率和时间，动态调整应用图标的位置和大小。

(二)情感化设计

人工智能技术可以通过以下方式实现情感化设计：

情感识别：通过分析用户的语言、表情和生理信号等，产品可以识别用户的情感状态，从而提供更加贴心和人性化的服务。例如，智能心理辅导机器人可以根据用户的情感状态，提供相应的安慰和建议。

社交互动：利用人工智能技术，产品可以模拟人类的社交行为，与用户建立情感连接。例如，社交机器人可以与用户进行对话、表达情感和陪伴等，满足用户的社交需求。

个性化表达：通过分析用户的个性特征和审美偏好，产品可以为用户提供个性化的视觉和声音表达。例如，智能绘画软件可以根据用户的风格和偏好，自动生成独特的艺术作品。

(三)智能推荐

人工智能技术可以通过以下方式实现智能推荐：

内容推荐：通过分析用户的兴趣和行为数据，产品可以为用户提供个性化的内容推荐，如新闻、视频和商品等。例如，视频推荐平台可以根据用户的观看历史和兴趣偏好，推荐相关的视频内容。

功能推荐：根据用户的使用场景和需求，产品可以为用户推荐合适的功能和服务。例如，智能办公软件可以根据用户的工作内容和协作需求，推荐相应的工具和模板。

个性化教育：通过分析用户的学习进度、能力和兴趣，产品可以为用户提供个性化的学习资源和教学方法。例如，在线教育平台可以根据用户的学习情况，为用户推荐合适的课程和学习计划。

(四)创新性实践与案例

以下是一些基于人工智能技术提升用户体验的创新性实践与案例：

智能穿戴设备：通过运用人工智能技术，智能穿戴设备可以实时监测用户的生理数据和运动状态，为用户提供个性化的健康建议和运动计划。例如，Apple Watch 可以根据用户的运动数据，为用户推荐合适的锻炼强度和时长。

语音助手:Google Assistant 和 Amazon Alexa 等智能语音助手可以通过自然语言处理技术,与用户进行流畅的对话,满足用户在生活和工作中的各种需求。例如,用户可以通过语音命令控制家居设备、查询信息和安排日程等。

智能客服:利用人工智能技术,智能客服可以为用户提供更加高效和贴心的服务。例如,阿里巴巴的 AliMe 客服机器人可以根据用户的问题,为用户提供相关的解决方案和建议,大大提高了客服效率和用户满意度。

三、用户体验评估

用户体验评估是衡量产品设计质量的重要环节。基于人工智能技术的用户体验评估方法可以帮助设计师更准确地了解用户的需求和反馈,从而优化产品设计。

(一)基于人工智能技术的用户体验评估方法

1. 眼动追踪

眼动追踪是一种基于人工智能技术的用户体验评估方法,主要用于分析用户在使用产品过程中的视线焦点和视线路径。通过收集用户的眼动数据,设计师可以了解用户在界面上的关注点,从而优化界面布局和元素设计。

优势:眼动追踪技术可以为设计师提供直观的视觉反馈,帮助他们发现潜在的设计问题。此外,眼动追踪技术还可以用于评估用户对广告、图像等视觉元素的关注程度。

局限性:眼动追踪技术需要专门的设备和环境进行测试,可能导致测试成本较高。此外,眼动追踪数据的解释和分析需要专业知识,可能增加评估的难度。

2. 生理信号分析

生理信号分析是另一种基于人工智能技术的用户体验评估方法,主要通过收集用户的生理数据(如心率、皮肤电导、脑电波等)来分析用户在使用产品过程中的情绪和认知状态。

优势:生理信号分析技术可以帮助设计师了解用户的真实感受,从而更好地满足用户的需求。此外,生理信号分析技术可以在用户使用产品的过程中实时收集数据,提供连续的评估结果。

局限性:生理信号分析技术同样需要专门的设备和环境进行测试,可能导致测试成本较高。此外,生理信号数据的解释和分析需要专业知识,可能增加评估的难度。

(二)运用评估结果优化产品设计

基于人工智能技术的用户体验评估方法可以为设计师提供有价值的反馈,帮助他们优化产品设计。以下是一些运用评估结果优化产品设计的策略:

界面布局优化:通过分析眼动追踪数据,设计师可以了解用户在界面上的关注点和视线路径。根据这些信息,设计师可以调整界面元素的布局和层次,使其更符合用户的使用习惯和视觉预期。

交互设计改进:生理信号分析技术可以帮助设计师了解用户在使用产品过程中的情绪和认知状态。设计师可以据此优化交互设计,降低用户的认知负担,提高产品的易用性。

个性化推荐:基于人工智能技术的用户体验评估方法可以揭示用户的需求和偏好。设计师可以根据这些信息为用户提供个性化的推荐,从而提高产品的吸引力和用户满意度。

情感化设计:通过分析用户的生理信号,设计师可以更好地了解用户的情感需求。据此,设计师可以在产品设计中注入情感化元素,满足用户的情感需求,提升用户体验。

(三)基于人工智能技术的用户体验评估方法的优势与局限性

1.优势

(1)客观性:基于人工智能技术的用户体验评估方法可以直接收集用户在使用产品过程中产生的数据,避免了主观评估带来的偏差。

(2)实时性:通过实时收集用户的眼动和生理信号数据,设计师可以在产品设计过程中不断优化和调整,提高设计效率。

(3)精确性:人工智能技术可以对大量复杂的数据进行分析和挖掘,帮助设计师更准确地了解用户需求,从而提高产品设计的精确性。

2.局限性

(1)成本:基于人工智能技术的用户体验评估方法需要专门的设备和环境进行测试,可能导致测试成本较高。

(2)技术门槛:眼动追踪和生理信号分析等评估方法需要专业知识进行解释和分析,增加了评估的难度。

(3)隐私和伦理问题:在收集用户的生理信号数据过程中,可能涉及用户隐私和伦理问题,需要在保护用户隐私的前提下进行评估。

基于人工智能技术的用户体验评估方法为产品设计提供了有效的参考和支持。设计师可以根据这些评估结果优化产品设计,提高产品的用户满意度和市场竞争力。然而,这些评估方法也存在一定的局限性,如成本、技术门槛和隐私问题等。因此,在运用这些评估方法时,设计师需要充分了解其优势和局限性,并结合实际需求和条件,选择合适的评估方法和策略。

3.可能的发展趋势和方向

集成化评估方法:未来的用户体验评估方法可能将多种技术集成在一起,例如将眼动追踪、生理信号分析、语音识别等多种技术结合起来,提供更全面、深入的用户体验评估结果。

自动化评估与优化:随着人工智能技术的发展,未来的用户体验评估方法可能实现自动化程度的提高,例如通过自动分析用户数据,为设计师提供实时的优化建议和方案。

虚拟现实与增强现实技术的结合:随着虚拟现实(VR)和增强现实(AR)技术的发展,未来的用户体验评估方法可能结合这些技术,提供更加真实、沉浸式的用户体验评估环境。

用户隐私保护:随着用户隐私保护意识的增强,未来的用户体验评估方法将更加注重用户隐私保护,例如采用去标识化、加密等技术手段,确保用户数据的安全。

伦理指导原则:在未来的用户体验评估方法中,伦理指导原则将发挥更加重要的作用,确保评估过程中尊重用户的权益,遵循社会和道德规范。

基于人工智能技术的用户体验评估方法为个性化定制产品设计提供了

有力支持。通过不断优化和发展这些评估方法，我们可以期待未来的个性化定制产品设计将更加符合用户需求，为用户带来更优质的体验。

第五节　设计评估与迭代优化

一、设计评估方法

基于人工智能技术的设计评估方法在个性化定制产品设计中发挥着至关重要的作用。这些方法能够帮助设计师更有效地评估和优化设计方案，从而提高产品质量和满足用户需求。本小节将阐述基于人工智能技术的设计评估方法，如模拟测试、虚拟现实技术等，并分析其在个性化定制产品设计中的应用。同时，讨论这些评估方法在实际操作中的优缺点。

（一）模拟测试

模拟测试是一种通过计算机模拟实际使用环境和条件，对产品设计进行性能和功能测试的方法。基于人工智能技术的模拟测试能够在设计阶段预测产品在实际应用中的表现，从而指导设计师进行优化和改进。这种方法在个性化定制产品设计中的应用具有以下优点：

(1)节省时间和成本：模拟测试避免了在实际生产中进行大量的试验和修改，从而节省了时间和成本。

(2)发现潜在问题：模拟测试能够在设计阶段发现潜在的性能和功能问题，为设计师提供改进方向。

(3)优化设计决策：通过模拟测试结果，设计师可以更好地评估不同设计方案的优劣，从而做出更合理的设计决策。

然而，模拟测试也存在一定的局限性：

(1)模型准确性：模拟测试的结果依赖于所采用的计算机模型的准确性，如果模型不能完全反映实际情况，那么测试结果可能存在偏差。

(2)计算能力限制：模拟测试通常需要大量的计算资源，这可能限制了其在复杂产品设计中的应用。

(二)虚拟现实技术

虚拟现实(VR)技术通过计算机生成的三维虚拟环境,让用户感受仿真场景并进行交互。基于VR技术的设计评估方法在个性化定制产品设计中具有以下优点:

(1)沉浸式体验:VR技术能够为设计师和用户提供沉浸式的体验,有助于更深入地理解产品的外观、功能和性能。

(2)实时反馈:基于VR技术的设计评估方法可以实时捕捉用户的行为和反馈,为设计师提供宝贵的改进建议。

(3)多方参与:VR技术使设计师、用户和其他利益相关者能够在虚拟环境中共同参与产品设计过程,从而提高设计的效率和质量。

然而,虚拟现实技术在设计评估中也存在一定的局限性:

(1)技术成熟度:虽然虚拟现实技术已经取得了显著的进步,但在某些领域,如触觉反馈和多人协同方面,仍然存在技术挑战。

(2)硬件成本:虚拟现实设备的成本相对较高,可能限制了一些中小型企业和设计团队的使用。

(3)用户适应性:对于不熟悉虚拟现实技术的用户,可能需要一定的时间来适应和掌握这种评估方法。

基于人工智能技术的设计评估方法在个性化定制产品设计中具有显著的优势,如节省时间和成本、发现潜在问题、优化设计决策等。然而,这些方法也存在一定的局限性,如模型准确性、计算能力限制和技术成熟度等。在实际应用中,设计师需要根据具体情况选择合适的评估方法,并综合考虑多种因素,以提高设计质量和满足用户需求。

二、迭代优化策略

迭代优化是在产品设计过程中不断对设计方案进行评估、修改和优化,以提高产品质量和用户满意度。人工智能技术在迭代优化过程中具有显著的作用,例如在数据分析、模型生成、优化算法等方面提供支持。

(一)数据驱动的设计优化

基于人工智能的数据分析技术,如数据挖掘、聚类分析等,可以帮助设计师从大量的用户数据中提取有价值的信息，为设计优化提供依据。例如，通过对用户画像、使用场景和产品评价等数据进行分析，可以发现产品的潜在问题和改进空间。根据这些分析结果，设计师可以对产品进行有针对性的迭代优化，提高用户满意度。

（二）智能模型生成与优化

人工智能技术，如遗传算法、神经网络和支持向量机等，可以帮助设计师快速生成和优化设计模型。在迭代优化过程中，设计师可以利用这些技术自动产生多种设计方案，通过评估和比较不同方案的性能指标，如耐用性、成本和美观性等，从而选择最优方案。此外，人工智能技术还可以辅助设计师在多个方案之间进行权衡，以达到满足用户需求和成本控制的平衡。

案例分析：在汽车设计过程中，设计师可以使用遗传算法生成不同的车身形状和结构方案，通过模拟测试以及评估各方案的空气动力性能、安全性和成本等指标，最终选择最优方案。在这个过程中，人工智能技术大大提高了设计效率，降低了设计成本，提高了产品质量。

（三）实时反馈与自适应优化

基于人工智能的实时反馈和自适应优化技术，如强化学习和深度学习等，可以帮助设计师在迭代优化过程中快速调整和改进设计方案。通过实时收集用户使用过程中的数据和反馈，人工智能技术可以根据这些信息自动调整设计参数，实现自适应优化。这种方法在一定程度上减轻了设计师的负担，提高了设计质量和用户满意度。

案例分析：在智能家居系统设计中，设计师可以利用强化学习算法实现自适应优化。系统根据用户的使用习惯和偏好，自动调整家居设备的工作模式、亮度、温度等参数，以提供更舒适的使用体验。通过实时反馈和自适应优化，智能家居系统能够更好地满足用户的个性化需求。

（四）人机协同设计

人工智能技术在迭代优化过程中的另一个重要应用是人机协同设计。设计师可以与人工智能系统共同参与设计过程，利用人工智能技术在计算能力、数据处理和优化算法等方面的优势，提高设计质量和效率。同时，设计师可以将自己的创造力、经验和对用户需求的理解融入设计过程，实现人机协同的优势互补。

案例分析：在建筑设计过程中，设计师可以与人工智能系统共同完成建筑方案的生成和优化。人工智能系统可以根据设计师提供的需求参数，快速生成多种建筑方案，然后根据建筑性能、环境影响和成本等指标进行评估和优化。设计师可以在此基础上进一步完善方案，使其更符合用户需求和审美标准。

综上所述，人工智能技术在迭代优化过程中具有显著的作用，可以帮助设计师更高效地进行数据分析、模型生成、实时反馈和人机协同设计等工作。通过运用这些技术和方法，设计师可以在个性化定制产品设计中实现更高的产品质量和用户满意度。然而，需要注意的是，人工智能技术在设计过程中的应用仍然存在一定的局限性，如难以理解复杂的人类情感、文化和审美等因素。因此，在追求智能化设计的同时，设计师也应关注人文关怀和情感交流，充分发挥自身的创造力和专业素养。

第六节　个性化定制产品设计的伦理与可持续性

一、设计伦理

在基于人工智能的个性化定制产品设计中，设计伦理是一个不容忽视的问题。随着人工智能技术的广泛应用，相关伦理问题日益受到关注，如数据隐私、算法公平性等。在设计过程中充分考虑这些伦理问题，对确保产品质量和维护用户权益具有重要意义。

（一）数据隐私

保护数据隐私是指保护用户数据不被未经授权的第三方获取、使用和泄露。在个性化定制产品设计中，设计师需要收集和处理大量用户数据，如基本信息、行为特征、偏好等，如果数据隐私得不到充分保护，可能导致用户信息泄露，甚至引发法律纠纷。

为了确保数据隐私，设计师在设计过程中应遵循以下原则：

最小化数据收集：尽量只收集实现产品功能所必需的用户数据，避免收集无关数据。

数据加密：对收集到的用户数据进行加密处理，防止未经授权的访问和篡改。

透明度与通知：在收集和使用用户数据前，明确告知用户数据收集的目的、范围和使用方式，征求用户同意。

用户控制权：允许用户查看、修改和删除自己的数据，以及撤回数据使用授权。

（二）算法公平性

算法公平性是指算法在处理不同用户数据时，能够做到公平、无偏见和不歧视。在个性化定制产品设计中，设计师需要利用人工智能算法对用户数据进行挖掘、分析和预测。然而，由于数据偏差、算法缺陷等原因，算法可能产生不公平的结果，如对特定群体的偏好推荐过于集中，或忽略某些群体的需求。

为了确保算法公平性，设计师在设计过程中应遵循以下原则：

数据代表性：确保训练数据具有代表性，覆盖多元化的用户群体和场景。

去除偏见：在数据预处理阶段，识别并消除数据中的偏见，避免算法过度拟合某一特征。

模型审查：定期评估模型的公平性，如通过敏感性分析、模型解释性等方法检查算法是否存在潜在的偏见和歧视。

算法透明度：提高算法透明度，让用户了解推荐结果的来源和依据，提高信任度。

反歧视设计：在设计过程中主动关注并避免潜在的歧视问题，确保产品对所有用户都能提供公平的服务。

（三）人机共融与责任归属

在个性化定制产品设计中，人工智能技术与人类设计师共同参与决策和创作。因此，需要明确人机共融的方式和责任归属，以便在出现问题时追溯和纠正。

为了实现人机共融与明确责任归属，设计师在设计过程中应遵循以下原则：

人机协作：确保人工智能技术辅助设计师进行决策，而非完全替代设计师。设计师需要监督并指导算法，确保其按照预期的方向进行优化。

责任划分：明确人工智能技术和设计师在设计过程中的责任划分，便于在出现问题时追溯责任。

可解释性：提高算法的可解释性，使设计师能够理解算法的工作原理和决策依据，便于进行有效监督。

反馈与修正：建立有效的反馈机制，当发现设计问题时，能够及时修正和优化算法。

在基于人工智能的个性化定制产品设计中，设计伦理问题不容忽视。设计师需要关注数据隐私、算法公平性、人机共融与责任归属等方面的问题，并采取相应的策略来确保产品的质量和用户权益。充分考虑伦理问题，不仅有利于提高用户满意度，还能增强产品的竞争力和设计师的社会责任感。

二、可持续性

在个性化定制产品设计中，可持续性是一个重要的考虑因素。可持续性旨在通过环保材料选择、节能技术应用等措施，降低产品对环境的不利影响，实现对资源的高效利用。

（一）环保材料选择

在个性化定制产品设计过程中，选择环保材料是实现可持续性的关键。设计师应充分了解各种材料的环境影响，可以从以下几个方面进行评估：

可回收性：优先选择可回收和可再利用的材料，以降低废弃物的处理成本和环境影响。

生物降解性：在可能的情况下，选择可生物降解的材料，减少非可降解废弃物的产生。

节能性：选择具有高能效的材料，降低产品的能耗。

来源可持续性：优先采用可持续生产的材料，减少对环境和生态的破坏。

（二）节能技术应用

应用节能技术是实现个性化定制产品设计可持续性的重要途径。设计师可以从以下几个方面进行考虑：

产品能效：优化产品结构和功能，降低能耗，提高能效。

智能控制：利用人工智能技术进行智能控制，实现产品的自适应调节，降低能耗。

可再生能源：在可能的情况下，应用可再生能源，减少对传统能源的依赖。

废热回收：通过废热回收技术，提高能源的利用率，降低能耗。

（三）实践与案例

以下是一些在实际设计过程中实现可持续性的案例：

使用环保材料的包装设计：许多品牌已经开始使用可回收、可生物降解的包装材料，如纸质包装、玉米淀粉塑料等，以减少塑料废弃物的产生。

智能家居设备：通过应用人工智能技术，智能家居设备可以实现自动调节温度、照明等，降低能耗，提高生活质量。

可再生能源产品：诸如太阳能照明、太阳能充电器等产品，在设计过程中充分考虑了可再生能源的应用，减少了对传统能源的依赖，降低了环境污染。

电动汽车：电动汽车在设计过程中充分考虑了节能和环保因素，采用电池驱动、智能充电管理等技术，减少了对化石燃料的消耗和尾气排放。

绿色建筑：绿色建筑在设计过程中关注节能、环保、可持续性等因素，采用高效节能材料、绿色植被、废热回收等技术，实现对环境资源的高效利用。

在个性化定制产品设计过程中，可持续性是一项至关重要的考虑因素。设计师需要从环保材料选择、节能技术应用等方面全面考虑产品的可持续性。通过人工智能技术的辅助，设计师能更好地分析各种设计方案的环保性能，实现对资源的高效利用，降低产品对环境的不利影响。同时，这些实践与案例也为其他设计者提供了借鉴和启示，有助于推动整个行业的可持续发展。

本章总结

本章主要探讨了基于人工智能技术的个性化定制产品设计理论框架。首先,通过需求分析与用户画像构建,我们了解了人工智能技术如何辅助设计师深入挖掘用户需求和喜好。接着,通过智能设计建模与优化,我们学习了如何运用人工智能技术实现设计模型的构建和优化,以满足不同用户的个性化需求。在产品功能、结构和外观设计方面,我们讨论了如何运用人工智能技术进行个性化设计,同时平衡功能与成本的关系。

在交互设计与体验设计部分,我们重点关注了人工智能技术在交互设计原则、体验设计策略以及用户体验评估方面的应用。通过这些方法,设计师可以更好地满足用户的使用需求,提高产品的用户体验。而在设计评估与迭代优化部分,我们介绍了基于人工智能的设计评估方法和迭代优化策略,以提高产品质量和用户满意度。

最后,本章探讨了个性化定制产品设计中的伦理与可持续性问题。在设计伦理方面,我们讨论了如何在设计过程中充分考虑数据隐私、算法公平性等伦理问题。而在可持续性方面,我们探讨了如何在个性化定制产品设计中实现环保与节能,分享了相关设计实践与案例。

本章系统地阐述了基于人工智能技术的个性化定制产品设计理论框架。通过对各个方面的深入讨论和实践案例分析,我们可以看到人工智能技术在个性化定制产品设计中具有广泛的应用前景。同时,这些研究成果也为设计师提供了宝贵的指导,有助于推动整个行业的发展。

第三章　基于人工智能的个性化定制产品设计方法

第一节 基于用户需求分析的个性化设计策略

一、用户需求挖掘技术

在个性化定制产品设计中，充分挖掘和理解用户需求是至关重要的。借助人工智能技术，可以更高效地挖掘用户需求，为设计师提供更丰富、更准确的信息。以下将介绍如何利用人工智能技术挖掘用户需求，包括文本分析、情感分析等。

（一）文本分析

文本分析是一种利用技术从大量文本数据中提取有价值信息的方法。在产品设计领域，文本分析扮演着至关重要的角色，它帮助设计师从用户评论、反馈和社交媒体等多种数据源中提炼出关键的用户需求和偏好。通过文本分析，设计师能够深入了解用户的真实想法和需求。这种洞察力对于创建符合市场需求和用户期望的产品至关重要。

自然语言处理（NLP）是文本分析中的核心技术。NLP使计算机能够理解、解释和处理人类语言，从而有效地分析非结构化文本数据。利用NLP技术，设计师可以从海量的非结构化文本数据中提取出有意义的模式和趋势。这些数据包括用户评论、社交媒体帖子和在线论坛的讨论。

用户评论是获取直接用户反馈的宝贵资源。文本分析技术可以从这些评论中提取出关键的见解，如产品的受欢迎特性、用户不满意的方面等。通过分析用户评论，设计师能够获得市场需求和用户偏好的直接信息。这些信息对于引导产品设计和改进策略至关重要。

社交媒体是理解用户行为和趋势的一个重要窗口。文本分析技术可以帮助设计师从社交媒体数据中提取出用户的态度、意见和行为模式。社交媒体数据分析为设计师提供了一种了解用户行为和市场趋势的方式，帮助他们在产品设计中更好地预测和适应市场变化。

文本分析技术使设计师能够准确地识别出用户的喜好、需求和期望，这些信息是制定有效产品设计策略的关键。通过深入分析用户的反馈和讨论,设计师可以更有针对性地调整其产品设计,从而更好地满足用户的期望和市场需求。

文本分析不仅可以在产品设计的初始阶段提供指导,还可以在整个设计流程中起到优化作用,这包括产品迭代和改进的过程。随着市场和用户需求的不断变化,文本分析成为一个持续的反馈工具,指导设计师在产品开发周期的每一阶段做出适当的调整。

随着技术的进步和数据量的增加,文本分析在产品设计中的作用将变得更加重要。未来的发展可能包括更精准的用户洞察、更快速的反馈循环以及更高级的数据处理能力。尽管文本分析具有巨大的潜力,但它也面临着诸如处理大规模数据集的挑战、确保数据质量和解读的准确性等问题。

主题模型是文本分析中的一种常用技术,用于从大量文本中发现隐藏的主题结构,它可以将文本数据聚类成不同主题,帮助设计师了解用户关注的焦点。它使设计师能够处理和分析大规模的非结构化文本数据,如用户反馈、评论和社交媒体内容,以提取有关用户关注点的洞察。通过分析文本数据,主题模型可以揭示用户关注的核心问题和趋势。这对于设计师来说是宝贵的信息,因为它们直接关系到产品设计的方向和决策。

LDA 是一种流行的主题模型算法,它通过统计方法从文本中自动识别主题。LDA 假设文档是由一组主题的混合构成的,每个主题又由一组词的混合构成。LDA 算法能够有效地处理大量数据,并从中识别出主题。这使得设计师可以无须人工干预地自动将文本数据分类,并从中提取有价值的信息。

主题模型可以将文本数据按主题进行聚类,从而使设计师能够更清晰地看到用户讨论的不同方面。这个过程涉及分析文本数据,以确定不同文档之间共享的主题。通过这种方式,主题模型揭示了用户最关心的问题和需求,这对于指导产品的特性和功能的开发至关重要。

利用通过 LDA 算法识别出的主题,设计师可以深入了解用户的具体需求,这包括用户对产品的期望、不满意的方面以及改进建议。这些发现对于优化产品设计策略和指导产品迭代具有重要价值。它们帮助设计师做出更符合用户需求的设计决策。

主题模型的分析结果可以被用来优化产品设计。这种优化可能涉及改进产品功能、调整设计元素或引入新的产品特性。在产品的设计迭代过程中，主题模型的应用可以持续地指导设计改进，确保产品设计始终与用户需求和市场趋势保持一致。

尽管主题模型提供了强大的工具，但在应用过程中也面临挑战，这包括处理和解析大量数据的复杂性，以及确保分析的准确性和可靠性。数据质量和解析的准确性对分析结果的有效性至关重要。设计师需要关注数据的来源和质量，以及算法的选择和调整。

随着技术的进步，特别是在自然语言处理和机器学习领域，预计主题模型将变得更加精准和高效，未来的发展可能包括更精细的主题划分、更快速的处理能力，以及能够适应不同语言和文化背景的算法。

（二）情感分析

情感分析是一种分析文本数据中情感倾向的技术，用于理解用户对产品和服务的情感态度。在产品设计中，它扮演着关键角色，帮助设计师从客户反馈、评论和社交媒体等非结构化文本数据中获取情感相关的洞察。情感分析通过识别用户表达的积极、消极或中立的情感，使设计师能够更深入地了解用户对现有产品和服务的感受。这种洞察对于引导产品设计的方向和决策至关重要。

情感分析依托于自然语言处理（NLP）、文本挖掘和机器学习等技术。这些技术共同作用于文本数据，以识别和分类情感表达。自然语言处理使计算机能够理解和解释人类语言，文本挖掘则涉及从大量文本数据中提取有用信息，而机器学习提供了分析和模式识别的算法。这些技术相互协作，有效地识别出文本中的情感倾向。

通过情感分析，设计师可以量化用户的满意度水平，这包括分析用户对特定产品特性的喜好、不满或期望。了解用户满意度对于产品的改进和优化至关重要。这种分析帮助设计师识别哪些方面受到用户欢迎，哪些方面需要改进。

情感分析结果可以指导设计师确定产品或服务的具体改进和优化方向。这涉及分析用户情感数据，以确定改进优先级。情感数据为设计师提供了有关用户偏好的具体信息，使他们能够对产品特性进行更加精确的调整，以提高用户满意度和市场接受度。

情感分析的洞察对于优化产品设计策略极为重要。这些洞察指导设计师在产品开发过程中做出更有针对性的决策。情感分析可以在产品设计的各个阶段发挥作用,从概念开发到产品测试,再到市场推出后的反馈收集。

在实施情感分析时,设计师可能面临诸如数据准确性、文本解析的复杂性等挑战。正确处理这些挑战对于确保分析结果的有效性至关重要。随着NLP和机器学习技术的进步,情感分析的准确性预计将不断提高,应用范围也将不断扩大,这将使得情感分析成为产品设计不可或缺的一部分。

情感分析可以分为两种类型:基于词典的情感分析和基于机器学习的情感分析。基于词典的情感分析通过情感词典来评估文本中的情感倾向,而基于机器学习的情感分析则利用分类算法。

基于词典的情感分析是一种利用预定义的情感词典来评估文本中情感倾向的方法。这种方法依赖于一个包含了大量情感词汇及其情感极性(积极或消极)的词典。进行文本分析时,系统会检查文本中的词汇是否出现在情感词典中,并据此评估整体情感倾向。情感词典是这种方法的核心,它通常包括从专业领域或日常语言中收集的大量情感词汇。通过对文本中词汇的情感极性进行统计,这种方法可以快速识别文本的整体情感倾向。在产品设计中,基于词典的情感分析可以用于快速评估用户评论和反馈。例如,它可以帮助设计师识别用户对产品特定特性的情感反应,从而指导产品改进和优化。

基于机器学习的情感分析利用分类算法,如支持向量机(SVM)和神经网络,自动识别文本中的情感倾向。与基于词典的方法相比,机器学习方法可以更深入地分析文本,考虑上下文和复杂的语言结构。在这种方法中,文本被视为特征向量,机器学习算法通过训练数据学习如何将这些特征与特定的情感类别(如积极、消极)相关联。这使得算法能够对新的文本数据进行分类。机器学习方法通过分析文本的细微差别,提供了更深入的情感分类。这对于理解复杂的用户反馈,如对产品性能的混合情感反应,非常有用。

基于词典的方法通常更简单、更快速,但可能缺乏对复杂语境的理解。相比之下,基于机器学习的方法虽然更复杂,但能提供更深入的分析。选择适当的方法取决于特定的应用需求和可用资源。在快速评估大量数据时,基于词典的方法可能更合适;而在需要深入分析特定文本时,机器学习方法更为有效。

情感分析的结果可以指导设计师在产品设计和迭代过程中做出更有针对性的决策,这包括改善产品特性、调整用户体验和优化市场传播策略。无论是基于词典还是基于机器学习的方法,情感分析都是产品设计中不可或缺的工具。它们帮助设计师从用户反馈中获取有价值的洞察,以更好地满足用户需求。

(三)用户行为分析

用户行为分析是一种研究和解读用户在数字平台上行为的方法,它涵盖了用户在网站、应用程序或其他在线服务中的交互。这种分析可以帮助设计师深入了解用户的兴趣、需求和痛点,从而更有效地指导产品设计决策。用户行为数据提供了关于用户兴趣和行为模式的直接信息,通过分析这些数据,设计师可以识别用户的偏好,了解他们在寻找什么以及他们与产品交互的方式。

用户行为分析通常涉及多种数据类型,包括浏览记录、购物车操作、搜索历史等。这些数据类型提供了用户行为的全面视图,揭示了他们的浏览习惯和购买意向。收集这些数据涉及跟踪用户在平台上的行为,并将这些行为转化为可分析的数据。重要的是要确保数据的收集和处理既符合隐私标准,又能准确反映用户行为。

人工智能技术,如聚类分析和关联规则挖掘,对于解析大量用户行为数据至关重要。这些技术可以从复杂的数据集中识别出模式和趋势。通过应用AI技术,设计师可以从用户行为数据中挖掘出有价值的模式。例如,聚类分析可以帮助识别不同的用户群体,而关联规则挖掘可以揭示不同产品之间的关联。

AI技术使设计师能够发现用户的隐藏偏好,这些偏好可能不会直接在调查或反馈中表达。例如,用户可能倾向于特定的设计元素或功能,这些倾向可以通过他们的行为数据来识别。了解这些隐藏偏好对产品设计至关重要,它可以指导设计师在设计新产品或改进现有产品时做出更明智的决策。

利用用户行为分析的结果,设计师可以优化产品的功能、风格和颜色。这种优化使产品更能吸引目标消费者,提高用户满意度和市场接受度。通过分析数据,设计师可以更准确地定位目标消费者,并根据他们的喜好和需求进行定制产品设计。用户行为分析是个性化定制产品设计的强大支持工具，它使设计师能够基于用户的具体行为和偏好定制产品，从而更好地满足市场需求。

在实施用户行为分析时，设计师可能面临数据隐私和分析准确性的挑战，正确处理这些挑战对于确保分析结果的有效性至关重要。随着技术的进步，尤其是在数据分析和人工智能领域，预计用户行为分析将变得更加精准和高效，从而为产品设计提供更深入的洞察。

（四）推荐系统

推荐系统是一种根据用户的历史行为、偏好和需求来生成个性化推荐的技术。在个性化推荐领域，推荐系统扮演着至关重要的角色，它能够提供针对性的产品和服务推荐，从而提高用户体验和满意度。推荐系统通过分析用户的历史数据，例如购买历史、浏览记录和评价反馈，来识别用户的兴趣和偏好。利用这些数据，推荐系统可以预测用户可能感兴趣的新产品或服务，并为他们提供定制化的推荐。

推荐系统为设计师提供了一种有效的工具，以深入了解用户的真实需求。通过分析用户与产品的互动方式，设计师可以获取关于用户偏好的洞察，这些信息对于指导产品设计至关重要。推荐系统能够根据用户的个人偏好和历史行为，为他们推荐最适合的产品。这种个性化的推荐不仅提高了用户满意度，也为设计师提供了定制化产品设计的方向。

推荐系统依赖于多种类型的数据，包括用户的浏览记录、购买行为、搜索历史和用户反馈。这些数据共同构成了用户行为的全景图。高效的数据收集和处理是推荐系统成功的关键。这包括从各种渠道收集数据，并将其转化为可用于分析的格式。在这个过程中，保护用户隐私和数据安全是必不可少的考虑因素。

构建有效的推荐系统需要运用多种技术，如机器学习、数据挖掘和复杂的算法。这些技术使得推荐系统能够从大量数据中学习和预测用户的偏好。这些技术共同作用，使推荐系统能够理解用户的需求和偏好，并据此生成个性化的推荐。机器学习算法特别重要，因为它允许推荐系统不断从用户反馈中学习并优化推荐结果。推荐系统提供的洞察对于优化产品设计至关重要，设计师可以利用这些信息来调整产品功能、风格和颜色，使其更符合目标用户群的需求。推荐系统在支持个性化定制产品设计中发挥着重要作用。通过精确了解每个用户的偏好，设计师可以创造更符合个人需求的产品，从而提供更丰富、更有针对性的用户体验。

推荐系统的实施可能面临数据隐私、算法准确性和用户接受度等挑战。正确处理这些挑战对于确保系统的有效性和用户的信任至关重要。随着技术的进步，尤其是在数据分析和人工智能领域，推荐系统预计将变得更加智能和精准。这将进一步增强其在产品设计中的作用，为用户提供更加个性化的体验。

推荐系统主要包括两种类型：基于内容的推荐和协同过滤推荐。基于内容的推荐主要依据用户以往对某类产品的喜好来推荐类似产品，而协同过滤推荐则根据用户之间的相似度来为用户推荐产品。近年来，深度学习技术的发展为推荐系统的改进提供了新的机遇，如基于深度神经网络的协同过滤算法等。

推荐系统，作为个性化推荐技术的核心，旨在通过分析用户的历史行为、偏好和需求来提供定制化的产品或服务建议。在数字化时代，这种系统对于实现用户与产品的最佳匹配至关重要。推荐系统通过算法分析用户以往的交互数据，诸如购买历史、浏览记录和用户评级，从而预测用户可能感兴趣的新产品或服务。这种预测基于假设用户过去的行为是了解其未来偏好的有效指标。

推荐系统为设计师提供了深入了解用户真实需求的途径。通过分析用户与各类产品的互动，推荐系统可以揭示用户偏好的细微变化，为产品创新和改进提供数据支持。推荐系统能够基于用户的独特偏好生成个性化推荐，从而提升用户体验并增强产品吸引力。这种个性化服务不仅能满足用户的特定需求，还能增强用户的品牌忠诚度。

（五）用户画像构建

用户画像是对用户综合特征的全面描述，它在产品设计中起着至关重要的作用。用户画像通过综合分析用户的基本信息、兴趣爱好和消费习惯，为设计师提供了深入了解用户的途径。用户画像的组成多样，包括但不限于用户的人口统计学数据、在线行为、购买记录和品牌偏好。这些信息共同描绘了用户的全貌，帮助设计师把握用户的核心需求和偏好。

用户画像使设计师能够深入了解用户群体的特性,这种深入了解是制定有效产品策略的基础,它确保产品设计与用户的实际需求和期望相符。基于用户画像的洞察,设计师可以开发出更具吸引力的个性化产品。这不仅提高了产品的市场吸引力,也提升了用户的满意度和忠诚度。

借助人工智能技术,如机器学习和数据挖掘,设计师可以从大量复杂的用户数据中提取有价值的信息。这些技术使得用户画像的构建更加准确和高效。人工智能技术在分析用户行为模式和偏好方面发挥着关键作用,它们能够识别用户的潜在需求,为产品设计提供更深层次的见解。

构建用户画像的第一步是收集数据。这包括从各种渠道获取数据,如社交媒体、用户反馈和在线购物行为。收集到的数据需要经过精确的分析和处理。这个过程包括清洗数据、识别关键变量和模式,以及将这些信息转化为有意义的洞察。

用户画像能够帮助设计师在产品开发初期做出更加明智的决策,这涉及产品的功能、外观和用户体验等多个方面。用户画像对于产品创新和市场定位至关重要,它提供了一个基于数据的框架,指导设计师开发出更符合市场需求的产品。

在构建和应用用户画像的过程中,设计师可能面临数据隐私和准确性的挑战。有效地管理这些挑战是确保用户画像成功应用的关键。随着数据科学和人工智能技术的不断进步,用户画像的构建和应用将变得更加精准和高效。这预示着用户画像将在未来的产品设计中发挥更大的作用。

用户画像构建主要包括以下几个步骤:数据收集、数据预处理、特征提取和画像构建。

在竞争激烈的市场中,深入了解用户需求并据此进行产品设计成为企业成功的关键。用户画像作为捕捉和分析用户特征的重要工具,在这一过程中发挥着重要作用。用户画像的构建始于数据的收集,这一阶段的质量直接影响到画像的准确性。主要的数据收集方法包括问卷调查、社交媒体分析、在线行为追踪等。这些方法可以从不同角度捕获用户的行为和偏好。在数据收集过程中,高质量数据的重要性不容忽视。精确、全面的数据能够为构建更为准确的用户画像提供坚实基础。

收集到的原始数据通常杂乱无章,需要经过清洗和整理。这包括去除重复值、修正错误、填补缺失值等步骤,确保数据的清洁和一致性。数据预处理不仅提高了数据的质量，还增强了其可用性。这一阶段是为后续的分析和特征提取做好准备。

在特征提取阶段，人工智能技术发挥关键作用。聚类分析、关联规则挖掘等方法可以从复杂数据中提取出有价值的用户特征。通过运用这些技术，设计师能够从海量数据中识别出关键的用户特征，为构建用户画像奠定基础。

根据提取的特征，为每个用户构建一个详细的画像。这个画像包括用户的个人信息、行为习惯、购买历史等多维度信息。用户画像的构建可以深入反映用户的个性化需求和偏好，为设计师提供精确的目标用户分析。

用户画像在产品设计中的应用多样。它可以指导产品的功能、风格、用户体验等方面的设计，确保产品更加符合目标市场的需求。用户画像还可以帮助企业在市场定位和产品创新中做出更明智的决策。通过了解用户的真实需求，企业能够提供更具吸引力的个性化产品。

利用人工智能技术挖掘用户需求具有很高的价值。通过文本分析、情感分析、用户行为分析等技术，设计师可以更加深入地了解用户的需求、喜好和期望，从而为用户提供更个性化的定制产品设计方案。在未来，随着人工智能技术的不断发展，用户需求挖掘技术将更加成熟，对个性化定制产品设计领域的贡献也将愈发显著。

（六）用户反馈和产品迭代

人工智能技术在收集和分析用户反馈方面发挥着重要作用。通过对用户反馈的实时分析，人工智能技术可以帮助企业快速识别和解决产品设计中的问题，从而有效地优化产品性能和用户体验。此外，人工智能技术在产品设计迭代过程中提供的数据和见解，有助于设计师更快地响应市场变化和用户需求。

AI技术能够通过自然语言处理（NLP）和情感分析等工具自动收集和处理用户反馈。这些工具可以从社交媒体、评论和用户调查中提取有价值的信息，为企业提供即时的市场反馈。不同的AI工具在处理用户反馈方面各有特点。例如，NLP可以识别和分类文本数据，而情感分析能够解读用户情感，帮助企业更深入地理解用户的感受和需求。

AI技术在实时分析用户反馈方面发挥着至关重要的作用。这种分析能够快速识别产品问题和用户的痛点,从而使企业能够及时做出响应。通过实时分析,企业能够快速发现并解决产品设计中的缺陷,从而减少负面影响并提高用户满意度。

用户反馈是优化产品功能和用户体验的宝贵资源。AI 技术可以帮助设计师根据用户反馈调整产品设计,以满足市场的需求。AI 技术的应用不限于收集反馈,还包括使用这些数据来指导产品性能的优化。这样的过程确保了产品能够不断适应并满足用户的期望。

AI 提供的数据和见解是产品设计迭代过程中不可或缺的部分。这些信息帮助设计师了解哪些方面需要改进,从而更快地响应市场变化。AI 技术使设计师能够快速适应市场的变化和用户的新需求,保持产品设计的领先和相关性。

AI 技术能够提供基于数据的设计决策支持,使设计流程更加科学和系统化。通过分析用户反馈和市场数据,AI 技术可以帮助设计师制定更加精确和有效的产品改进策略。

尽管 AI 技术在产品设计中的应用具有许多优势,但也存在一些挑战,如数据隐私和分析的准确性。随着 AI 技术的不断进步,未来其在产品设计和迭代中的应用将更加广泛和深入。我们可以预见,AI 将在创新产品设计和提高用户满意度方面发挥更大的作用。

二、需求聚类与分析

在个性化定制产品设计过程中,需求聚类与分析是至关重要的环节。需求聚类是指将用户需求进行分类和归纳的过程,从而使设计师更好地理解用户需求的内在结构和特征。

(一)聚类算法概述

聚类算法是一种无监督学习方法,主要用于对数据进行分类。通过聚类算法,可以将相似的数据点聚集在一起,形成一个簇(cluster),从而揭示数据的内在结构和分布特征。聚类算法广泛应用于各个领域,如市场细分、社交网络分析、生物信息学等。

在需求聚类与分析中,常用的聚类算法包括 K-means 算法、层次聚类算法、DBSCAN 算法等。以下将对这些算法进行简要介绍。

1. *K*-means 算法

K-means 算法是一种基于划分的聚类算法，它通过迭代计算将数据点划分为 *K* 个簇。算法的基本思想是选择 *K* 个初始质心，然后将数据点分配到最近的质心，再重新计算质心，如此反复进行，直到质心不再发生变化或达到最大迭代次数。*K*-means 算法简单、易于实现，但需要预先设定簇的数量，对初始质心敏感，并且不能处理噪声数据。

2. 层次聚类算法

层次聚类算法是一种基于层次的聚类方法，可以生成一棵有层次结构的聚类树。层次聚类算法主要包括自底向上的凝聚层次聚类(agglomerative hierarchical clustering, AHC)和自顶向下的分裂层次聚类(divisive hierarchical clustering, DHC)。AHC 算法首先将每个数据点视为一个簇，然后逐渐合并最接近的簇，直到达到指定的簇数量；而 DHC 算法则首先将所有数据点视为一个簇，然后逐渐分裂簇，直到达到指定的簇数量。层次聚类算法能够生成具有层次结构的簇，但计算复杂度较高。

3. DBSCAN 算法

DBSCAN(density-based spatial clustering of applications with noise)算法是一种基于密度的聚类算法，它能够在不需要预先设定簇数量的情况下进行聚类，并能有效地处理噪声数据。DBSCAN 算法的核心思想是通过数据点的局部密度来划分簇。DBSCAN 算法首先从一个未被访问的数据点开始，然后根据给定的邻域半径和密度阈值来确定该数据点所在的簇。DBSCAN 算法具有较好的鲁棒性和可扩展性，但对于不同密度的簇可能需要调整参数。

(二)需求聚类与分析的应用

在个性化定制产品设计中，需求聚类与分析可以帮助设计师更好地理解用户需求的内在结构和特征，为制定设计策略提供参考。以下是需求聚类与分析在实际设计过程中的应用。

(1)需求分类与分析：通过对用户需求进行聚类分析，可以将具有相似特征的需求分组，形成需求簇。这有助于设计师更好地理解各类需求之间的关联性和差异性，从而有针对性地制定设计策略。

(2)需求优先级排序：通过对需求簇进行进一步分析，可以为需求簇分配优先级。设计师可以根据需求的优先级来决定哪些需求应首先满足，以及在有限资源下如何权衡各需求的满足程度。

(3)个性化产品定位：需求聚类与分析可以帮助设计师为个性化定制产品确定目标用户群体、产品功能及外观等方面的定位。这有助于设计师迅速地为不同类型的用户提供个性化的产品方案。

需求聚类与分析在个性化定制产品设计中具有重要意义。通过运用聚类算法，如 *K*-means、层次聚类和 DBSCAN 等，可以有效地对用户需求进行分类和分析。这有助于设计师更好地理解用户需求的内在结构和特征，为制定个性化设计策略提供参考。在实际设计过程中，需求聚类与分析可以帮助设计师进行需求分类与分析、需求优先级排序以及个性化产品定位等工作。

第二节　基于数据驱动的产品形态生成方法

一、数据驱动设计方法

数据驱动设计方法是以大量的数据为基础，通过挖掘和分析数据中的信息来推动产品形态生成的方法。这种方法能够更好地满足用户的个性化需求，提高产品设计的质量和效率。以下将介绍几种典型的数据驱动设计方法：参数化建模和形状语法。

(一)参数化建模

参数化建模是一种基于数学模型的设计方法，通过设定参数来描述和控制产品的形状、结构和性能。参数化建模可以将复杂的设计问题简化为参数空间中的优化问题，从而有效地减少设计师的工作负担，并提高设计质量。此外，参数化建模使得设计师可以轻松地修改参数来生成新的设计方案，满足用户的个性化需求。

在参数化建模中，设计师首先需要建立一个数学模型，用于描述产品的形状、结构和性能。这个模型通常包括多个参数，如尺寸、角度、曲率等。接下来，设计师可以通过调整这些参数来生成不同的设计方案。在这个过程中，人工智能技术可以发挥重要作用，如通过数据挖掘和机器学习方法预测用户的喜好和需求，为参数选择提供依据。此外，人工智能算法还可以辅助设计师在参数空间中进行优化，以找到最佳的设计方案。

参数化建模在许多领域的产品设计中都得到了广泛应用，如汽车、家具、建筑等。其中，一些成功的案例包括：基于参数化建模的汽车车身设计，通过调整参数生成具有不同风格的汽车外观；基于参数化建模的家具设计，根据用户的尺寸需求和喜好生成符合人体工程学的家具设计。

（二）形状语法

形状语法是一种基于规则的设计方法，通过对形状的分解、重组和变换来生成新的设计方案。形状语法可以帮助设计师在有限的设计空间中发现潜在的设计可能性，提高设计创新性和个性化程度。

在形状语法中，设计师首先需要定义一组基本的形状元素，如点、线、面等。然后，通过一系列的规则（如平移、旋转、缩放等）对这些形状元素进行分解、重组和变换，从而生成新的设计方案。在这个过程中，人工智能技术可以发挥关键作用。例如，机器学习算法可以从大量的设计案例中学习形状规则和模式，辅助设计师进行形状分析和生成。此外，深度学习技术可以帮助设计师在复杂的形状空间中进行搜索，以发现创新的设计方案。

形状语法在许多领域的产品设计中都得到了广泛应用，如平面设计、工业设计、建筑设计等。一些成功的案例包括：基于形状语法的平面设计，通过对图形元素的重组和变换生成独特的平面设计风格；基于形状语法的工业设计，通过分析和重组经典产品的形状特征，创造出新的设计方案。

总结而言，数据驱动设计方法通过利用大量的数据和人工智能技术，为产品形态生成提供了强大的支持。参数化建模和形状语法等方法可以帮助设计师更高效地满足用户的个性化需求，提高设计质量和创新性。随着人工智能技术的不断发展，数据驱动设计方法在个性化定制产品设计中的应用将变得越来越广泛和深入。

二、生成对抗网络在产品形态生成中的应用

生成对抗网络（GAN）是一种强大的深度学习技术，它包括两个相互竞争的神经网络：生成器（generator）和判别器（discriminator）。生成器的目标

是生成逼真的数据样本,而判别器的任务是区分生成的数据样本和真实数据样本。通过这种相互竞争的过程,生成器可以逐渐学会生成越来越逼真的数据样本。在产品形态生成中,GAN 具有很大的潜力和优势。

首先,GAN 可以生成具有高度创新性的设计方案。由于生成器是一个非线性映射模型,它可以从训练数据中捕捉到复杂的形状规律和特征。这使得生成器可以生成具有多样性和创新性的设计方案,从而帮助设计师拓展设计思路,提高设计效果。

其次,GAN 可以自动学习和理解设计样式。在训练过程中,生成器可以从大量的设计案例中自动学习设计风格和特征,从而生成具有一致风格的新设计方案。这意味着设计师可以利用 GAN 生成与特定风格或品牌相符的设计方案,满足用户的个性化需求。

此外,GAN 在产品形态生成中的应用还可以帮助设计师节省时间和精力。传统的产品形态设计过程往往需要设计师进行大量的手工绘制和修改,这不仅耗时,而且容易受到设计师主观因素的影响。而利用 GAN 生成的设计方案可以为设计师提供更多的选择,从而提高设计效率和质量。

然而,应当注意到 GAN 在产品形态生成中的应用也存在一些挑战和局限性。例如,GAN 生成的设计方案可能存在一定程度的模糊性,需要设计师进一步优化和完善。此外,GAN 的训练过程需要大量的计算资源和数据支持,这可能对设计师的硬件设备和数据获取能力提出较高要求。

生成对抗网络(GAN)在产品形态生成中具有很大的潜力和优势,它可以帮助设计师生成具有高度创新性和一致风格的设计方案,提高设计效率和质量。随着深度学习技术的不断发展,GAN 在个性化定制产品设计中的应用将得到进一步拓展和优化。

第三节　基于机器学习的材料与工艺选择优化

一、材料选择方法

在个性化定制产品设计中,材料选择是一个关键环节,因为它直接影响到产品的性能、质量和成本。然而,传统的材料选择方法往往依赖于设计师的经验和直觉，容易受到主观因素的影响。随着机器学习技术的发展，利用机器学习方法优化材料选择已成为可能。

（一）数据收集与预处理

在进行机器学习的材料选择优化之前，首先需要收集大量的材料属性和性能数据，包括材料的力学性能、热学性能、电学性能等。此外，还需要收集与产品设计相关的需求数据，如产品的使用环境、功能需求等。数据收集完成后，需要对数据进行预处理，包括数据清洗、缺失值处理、数据归一化等，以便后续的机器学习模型训练。

（二）特征工程

特征工程是机器学习中的一个重要环节，它涉及从原始数据中提取有意义的特征，以便更好地进行模型训练。在材料选择优化中，可以根据产品的个性化需求和成本约束，提取与之相关的特征，如材料的密度、强度、导热系数等。

（三）模型训练与选择

基于收集到的数据和提取的特征，可以使用各种机器学习算法进行模型训练。常见的机器学习算法包括决策树、支持向量机、神经网络等。在训练过程中，需要通过交叉验证等方法来评估模型的性能，从而选择最佳的模型。

（四）材料推荐与优化

利用训练好的模型，可以根据产品的个性化需求和成本约束，为产品推荐合适的材料。此外，通过优化算法（如遗传算法、粒子群优化算法等）可以进一步优化材料选择，以实现更好的性能和成本平衡。

（五）结果评估与反馈

在实际应用中，需要对机器学习模型推荐的材料进行评估，以验证其满足个性化需求和成本约束的程度。评估方法可以包括实验室测试、实际应用案例分析等。通过评估结果，可以进一步调整模型参数和优化策略，以提高材料选择的准确性和效果。同时，不断更新的实际应用数据可以作为反馈输入机器学习系统中，以便不断优化和完善模型。

（六）设计师与机器学习系统的协同

在材料选择优化过程中，设计师和机器学习系统需要密切协同。设计师可以根据机器学习系统推荐的材料选项，结合自己的经验和判断，进行最终的材料选择。同时，设计师可以通过与机器学习系统的交互，不断提供对模型优化的建议和需求反馈，以便更好地满足个性化定制产品设计的需求。

通过上述方法，利用机器学习技术优化材料选择，可以在保证产品性能的同时，降低设计师的工作负担，提高设计效率。此外，机器学习方法还有助于发掘新型材料和创新性的材料组合，从而为个性化定制产品设计提供更多可能性。在未来，随着机器学习技术的不断发展，其在材料选择优化方面的应用将更加广泛和深入。

二、工艺选择与优化

工艺选择在个性化定制产品设计中起着至关重要的作用，它影响着产品的性能、质量以及生产效率。借助机器学习技术，可以实现对工艺选择的评估和优化。

（一）工艺数据库与特征提取

首先需要构建一个包含各种工艺参数的数据库，这些参数可以包括加工精度、生产效率、成本等。接下来，通过特征提取方法将这些参数转换为机器学习算法可识别的特征向量，从而为后续的工艺选择和优化提供数据支持。

（二）工艺评估模型

在特征提取的基础上，利用机器学习算法建立工艺评估模型。该模型可以根据产品的性能要求、成本约束等因素，对不同的工艺进行评估和排序。常用的机器学习算法包括支持向量机（SVM）、决策树、神经网络等。

(三)工艺优化策略

在工艺评估模型的基础上,可以进一步制定工艺优化策略。这些策略可以帮助设计师在满足产品性能要求的同时,尽可能降低生产成本和提高生产效率。工艺优化策略可以包括材料利用率优化、设备效率优化、生产排程优化等。

(四)模型验证与更新

为了确保工艺选择与优化策略的有效性,需要对评估模型和优化策略进行验证。验证方法可以包括实验室测试、实际生产案例分析等。通过验证结果,可以进一步调整模型参数和优化策略,以提高工艺选择的准确性和效果。同时,不断更新的实际生产数据可以作为反馈输入机器学习系统中,以便不断优化和完善模型。

(五)设计师与机器学习系统的协同

在工艺选择与优化过程中,设计师和机器学习系统需要密切协同。设计师可以根据机器学习系统推荐的工艺选项,结合自己的经验和判断,进行最终的工艺选择。同时,设计师可以通过与机器学习系统的交互,不断提供对模型优化的建议和需求反馈,以便更好地满足个性化定制产品设计的需求。

(六)案例分析与实践

在实际应用中,许多企业已经开始利用机器学习技术对工艺选择进行优化。例如,在汽车制造领域,通过使用机器学习算法对加工参数进行优化,可以提高生产效率、降低能耗和废品率。另一个例子是在3D打印技术中,借助机器学习模型,可以在打印过程中实时调整材料的分布和力学性能,从而提高产品的性能和降低生产成本。

(七)未来趋势与挑战

随着人工智能技术的不断发展,机器学习在工艺选择与优化方面的应用将越来越广泛。在未来,我们可能会看到更多的智能制造系统,这些系统可以自动分析生产数据，实时调整生产过程中的工艺参数，以达到最优的生产效果。然而，这也带来了一些挑战，如数据安全性、系统可靠性和人机交互等问题。因此，在推广和应用机器学习技术优化工艺选择的过程中，需要充分考虑这些挑战，并采取相应的措施加以解决。

综上所述，基于机器学习的材料与工艺选择优化在个性化定制产品设计中具有重要意义。通过构建工艺数据库、特征提取、建立评估模型以及制定优化策略，可以实现对工艺选择的评估和优化。同时，不断更新的实际生产数据和设计师与机器学习系统的协同作用，有助于不断优化和完善模型，以满足个性化定制产品设计的需求。然而，在应用过程中，还需关注数据安全性、系统可靠性等挑战，以保障技术的有效推广和应用。

第四节　基于智能优化算法的功能与结构设计

一、多目标优化方法

在个性化定制产品设计中，功能与结构设计往往涉及多个目标，例如性能、成本、重量、可靠性等。因此，多目标优化方法在这一领域具有重要意义。基于智能优化算法的多目标设计优化方法，如遗传算法、粒子群优化等，可以帮助设计师有效地在多个目标之间进行权衡，从而实现更优的设计方案。

（一）遗传算法

遗传算法（genetic algorithm，GA）是一种模拟自然界生物进化过程的优化方法。遗传算法通过模拟基因交叉、变异等生物进化机制，在多个设计方案中搜索全局最优解。遗传算法具有较强的全局搜索能力、较快的收敛速度和较好的鲁棒性。在多目标优化问题中，遗传算法可以通过构建适应度函数、选择策略、交叉和变异操作来寻求多目标之间的帕累托最优解。

（二）粒子群优化

粒子群优化（particle swarm optimization，PSO）是一种模拟鸟群觅食行

为的优化算法。粒子群优化算法将搜索空间中的每个解看作一个粒子，通过粒子之间的信息交流来引导搜索过程。粒子群优化算法在处理多目标优化问题时，可以通过适应度函数、领域策略等方法来寻求帕累托最优解。粒子群优化算法具有全局搜索能力较强、计算复杂度较低和易于实现的优点。

（三）多目标优化问题的求解

在实际的功能与结构设计中，多目标优化问题通常包括设计变量、目标函数和约束条件。基于智能优化算法的多目标设计优化方法需要首先对设计问题进行建模，然后利用遗传算法或粒子群优化等方法寻求帕累托最优解，最后根据实际需求选择合适的设计方案。在求解过程中，设计师需要根据具体问题调整算法参数、选择策略等，以提高优化效果。

（四）应用与案例分析

基于智能优化算法的多目标设计优化方法已广泛应用于个性化定制产品设计领域。例如，在汽车行业，设计师可以通过遗传算法或粒子群优化等方法，在性能、成本、重量、可靠性等多个目标之间进行权衡，从而实现更优的汽车设计方案。在航空航天领域，多目标优化方法可以帮助设计师在提高飞行器性能的同时，降低结构重量和材料成本。在消费电子产品设计中，多目标优化方法可以用于在满足功能需求的同时，优化产品外观、尺寸和散热性能等。通过分析这些应用案例，可以进一步证实基于智能优化算法的多目标设计优化方法在个性化定制产品设计中的有效性和广泛应用前景。

（五）挑战与未来发展

虽然基于智能优化算法的多目标设计优化方法已经取得了显著的成果，但在实际应用中仍然面临诸多挑战。首先，多目标优化问题的复杂性和不确定性使得求解过程变得困难。其次，智能优化算法在处理高维、非线性、非凸等复杂问题时，仍然存在收敛速度慢、陷入局部最优等问题。此外，如何根据用户个性化需求有效地构建目标函数和约束条件，以及如何在大量帕累托最优解中选择合适的设计方案，也是亟待解决的问题。

针对这些挑战，未来的研究方向包括：①研究更高效、鲁棒性更强的智能优化算法；②结合人工智能技术，例如机器学习、深度学习等，提高优化算法的性能和智能化水平;③探讨基于用户需求的多目标优化问题建模方法,以及基于决策者偏好的最优解选择方法。

基于智能优化算法的多目标设计优化方法在个性化定制产品设计领域具有重要的应用价值。通过运用遗传算法、粒子群优化等方法,设计师可以在多个目标之间进行有效权衡,实现更优的设计方案。尽管当前仍然面临诸多挑战,但随着人工智能技术的不断发展,基于智能优化算法的多目标设计优化方法将在未来的个性化定制产品设计中发挥更大的作用。

二、结构优化与拓扑优化

结构优化和拓扑优化是产品设计中的关键环节,它们可以在满足个性化需求的同时降低产品重量、提高结构性能和延长产品寿命。基于智能优化算法的结构优化与拓扑优化方法将人工智能技术应用于产品设计过程,为设计师提供更高效、灵活和可靠的设计方案。

(一)结构优化方法

结构优化是一种根据给定目标和约束条件,寻找最优结构尺寸、形状和材料等参数的过程。传统的结构优化方法主要包括线性规划、非线性规划和整数规划等,这些方法通常依赖于梯度信息和线性假设,因此在处理复杂、非线性和离散问题时存在局限性。为了克服这些问题,研究者开始尝试将智能优化算法应用于结构优化,例如遗传算法、粒子群优化和蚁群优化等。这些方法具有全局搜索能力强、不依赖梯度信息和适应性强等优点,可以有效地解决复杂结构优化问题。

(二)拓扑优化方法

拓扑优化是一种根据给定目标和约束条件,寻找最优结构拓扑的过程。拓扑优化的目标通常是在满足性能要求的前提下,最小化结构重量或者最大化结构刚度等。传统的拓扑优化方法主要包括均匀性法、密度法和水平集法等,这些方法在处理简单和规则结构问题时表现较好,但在处理复杂和非规则结构问题时存在局限性。基于智能优化算法的拓扑优化方法,如遗传算法、粒子群优化和模拟退火等,可以在较大的搜索空间内寻找全局最优解,适用于解决复杂和非规则结构拓扑优化问题。

(三)实际应用

基于智能优化算法的结构优化与拓扑优化方法已经在许多领域取得了显著的成果。例如,在汽车工业中,这些方法可以帮助设计师优化汽车底盘、车身和悬挂系统等关键部件的结构和拓扑,以提高汽车的安全性、舒适性和燃油经济性。在航空航天领域,这些方法可以用于优化飞机机翼、螺旋桨和发动机支架等部件的设计,以降低重量、提高刚度和降低燃油消耗。在建筑工程领域,这些方法可以用于优化桥梁、钢结构和混凝土结构等关键部件的设计,以提高结构安全性、降低材料消耗和降低维护成本。在消费电子产品领域,这些方法可以用于优化手机、平板电脑和笔记本电脑等设备的外壳和内部结构设计,以提高耐用性、降低重量和提高散热性能。

(四)优势与挑战

基于智能优化算法的结构优化与拓扑优化方法具有以下优势:①全局搜索能力强,可以在较大的搜索空间内寻找最优解;②不依赖梯度信息,适用于解决非线性、非凸和离散问题;③适应性强,可以自适应地调整搜索策略和算法参数;④并行性好,可以利用多核和分布式计算资源提高计算效率。然而,这些方法也面临一些挑战,如收敛速度慢、计算资源消耗大、算法参数调整复杂等。为了克服这些挑战,研究者需要在算法设计、模型简化和计算加速等方面进行深入研究,以提高基于智能优化算法的结构优化与拓扑优化方法的实用性和普及度。

基于智能优化算法的结构优化与拓扑优化方法为个性化定制产品设计提供了有效的工具,可以帮助设计师在满足个性化需求和降低产品重量的同时,提高产品性能和生产效率。通过深入研究这些方法的原理、技术和应用,有望进一步拓展人工智能在产品设计领域的应用范围和影响力。未来,随着智能优化算法和计算技术的不断发展,基于人工智能的个性化定制产品设计方法将更加成熟、高效和可靠,为设计师提供更好的设计支持和创新空间。

第五节　基于虚拟现实与增强现实的产品体验评估

一、虚拟现实技术在产品设计评估中的应用

随着虚拟现实(VR)技术的发展,它在许多领域开始得到广泛应用,其中包括产品设计评估。通过将产品设计导入虚拟环境中,设计师、工程师和潜在用户可以在早期阶段对产品进行体验评估,从而提高设计质量、减少迭代次数和降低成本。

(一)虚拟样机评审

虚拟样机评审是一种基于虚拟现实技术的产品设计评估方法,它允许设计师在虚拟环境中创建、修改和审查产品样机。与传统的实体样机相比,虚拟样机具有制作成本低、修改方便和可视化效果好等优点。设计师可以通过虚拟现实设备(如头戴式显示器、手柄和跟踪器等)直接观察、操作和评估虚拟样机,以便发现设计问题、提出改进意见和验证设计方案。此外,虚拟样机评审还可以支持多人协同评审、远程评审和历史版本对比等功能,以提高评审效率和质量。

(二)交互评估

交互评估是一种基于虚拟现实技术的产品设计评估方法,它关注产品的交互性能和用户体验。在虚拟环境中,用户可以模拟实际使用场景,与虚拟产品进行直接交互和操作,以评估其易用性、舒适性和满意度等指标。设计师可以根据交互评估的结果,优化产品界面、功能和流程等方面的设计,以提高用户体验和满足个性化需求。此外,交互评估还可以结合眼动追踪、生理测量和问卷调查等方法,以获取更全面和深入的用户反馈。

(三)实际应用

虚拟现实技术在产品设计评估中的应用已经在许多领域取得了显著的成果。例如,在汽车工业中,虚拟现实技术可以用于评估汽车外观、内饰和

驾驶体验等方面的设计，从而提高汽车的美观性、舒适性和安全性。在家具设计领域，虚拟现实技术可以用于评估家具的尺寸、形状和功能等方面的设计，以满足不同用户的需求和喜好。在消费电子产品领域，虚拟现实技术可以用于评估手机、平板电脑和笔记本电脑等设备的外观、交互和人机工程等方面的设计，以提高产品的竞争力和用户满意度。

（四）优势与挑战

虚拟现实技术在产品设计评估中具有以下优势：①高度可视化，可以直观地展示和评估产品设计；②操作直接，可以模拟实际使用场景进行交互评估；③成本节省，可以减少实体样机的制作和修改成本；④协同评审，可以支持多人协同评审和远程评审等功能。然而，虚拟现实技术在产品设计评估中也面临一些挑战，如虚拟与现实的差异、设备成本和技术成熟度等。为了克服这些挑战，研究者需要在虚拟现实技术的硬件、软件和评估方法等方面进行深入研究，以提高其在产品设计评估中的实用性和普及度。

虚拟现实技术在产品设计评估中的应用为个性化定制产品设计提供了有效的工具，可以帮助设计师在早期阶段对产品进行体验评估，从而提高设计质量、减少迭代次数和降低成本。通过深入研究虚拟现实技术在产品设计评估中的原理、技术和应用，有望进一步拓展人工智能在产品设计领域的应用范围和影响力。未来，随着虚拟现实技术和人工智能技术的不断发展，基于虚拟现实的产品设计评估方法将更加成熟、高效和可靠，为设计师提供更好的设计支持和创新空间。

二、增强现实技术在产品设计评估中的应用

增强现实（AR）技术是一种将虚拟信息叠加到现实环境中的技术，通过计算机视觉、图形渲染和传感器融合等技术实现。在产品设计领域，增强现实技术为设计师提供了一种新的设计评估方法，可以在现实场景中实时查看和修改产品设计，以提高设计质量和效率。

（一）模型叠加

增强现实技术可以将虚拟的产品模型叠加到现实场景中，使设计师能够在实际环境中直观地查看产品的外观、尺寸和布局等方面的设计。这种

模型叠加方法有助于设计师更好地理解产品在现实场景中的效果，从而提高设计的准确性和合理性。例如，在建筑设计领域，设计师可以通过增强现实技术将建筑模型叠加到现场，以评估建筑的位置、高度和视觉效果等方面的设计；在汽车设计领域，设计师可以通过增强现实技术将汽车模型叠加到道路上，以评估汽车的尺寸、造型和动态效果等方面的设计。

（二）实时修改

增强现实技术不仅可以实现模型叠加，还可以支持实时修改产品设计。设计师可以在现实场景中直接操作虚拟模型，调整产品的形状、尺寸和颜色等参数，以满足不同用户的需求和喜好。这种实时修改方法可以大大缩短产品设计的迭代周期，提高设计效率和质量。例如，在家具设计领域，设计师可以通过增强现实技术实时调整家具的尺寸和颜色，以适应不同客户的家居环境和审美要求；在时装设计领域，设计师可以通过增强现实技术实时修改服装的款式和图案，以满足不同消费者的时尚需求和个性化喜好。

（三）协同评审与用户参与

增强现实技术还可以支持多人协同评审和用户参与的设计评估。设计师、工程师和用户可以共同参与产品设计的评审过程，提出修改建议和改进意见，以提高产品的满意度和市场竞争力。例如，在消费电子产品设计领域，设计师可以邀请用户参与增强现实技术支持的产品评审，收集用户对产品外观、功能和交互等方面的需求和反馈，以指导产品设计的优化和迭代；在工业设备设计领域，设计师可以与工程师共同进行增强现实技术支持的设计评审，评估产品的结构、材料和工艺等方面的设计，以提高产品的性能和可靠性。

（四）设计评估工具与平台

随着增强现实技术的发展，越来越多的设计评估工具和平台开始采用增强现实技术，以提供更直观、高效和人性化的设计评估体验。这些工具和平台通常包括模型导入、场景设置、参数修改、动画演示等功能，支持多种文件格式和设备类型，方便设计师在不同场景和设备上进行产品设计评估。例如，Microsoft HoloLens、Google Glass 和 Apple ARKit 等增强现实设备和开发平台，为设计师提供了丰富的设计评估工具和资源，可以方便地进行模型叠加、实时修改和协同评审等操作。

（五）挑战与展望

虽然增强现实技术在产品设计评估中具有显著的优势和潜力，但仍然面临一些挑战和问题。首先，增强现实技术的精度和稳定性需要进一步提高，以确保模型叠加和实时修改的准确性和可靠性；其次，增强现实技术的交互方式和界面设计需要优化，以提高设计师的操作体验和工作效率；最后，增强现实技术的普及和应用需要克服硬件设备、网络带宽和数据安全等方面的限制和障碍。未来，随着人工智能、大数据和物联网等技术的融合和发展，增强现实技术在产品设计评估领域的应用将更加广泛、深入和智能化，为设计师提供更多的创新空间和发展机遇。

三、用户体验评估与优化

用户体验评估是产品设计过程中的关键环节，可以帮助设计师了解用户对产品的需求、期望和感受，从而指导产品设计的优化和改进。虚拟现实（VR）和增强现实（AR）技术作为新兴的评估方法，为用户体验评估提供了更直观、沉浸和高效的方式。

（一）虚拟现实与增强现实技术在用户体验评估中的应用

虚拟现实和增强现实技术可以将用户置于虚拟或半虚拟的环境中，使用户能够在真实或近似真实的情境中体验产品，从而获得更准确、生动和真实的评估结果。这些技术在用户体验评估中的应用主要包括以下几个方面：

产品外观与交互评估：通过虚拟现实和增强现实技术，用户可以直观地查看产品的外观、尺寸和颜色等设计要素，以及尝试产品的交互方式和操作流程。这有助于设计师了解用户对产品外观和交互的喜好、需求和困惑，从而优化产品的视觉和操作设计。

功能与性能评估：虚拟现实和增强现实技术可以模拟产品的功能和性能，使用户在虚拟场景中体验产品的实际效果和价值。这有助于设计师了解用户对产品功能和性能的期望、满意度和改进意见，从而优化产品的技术和市场定位。

情境与场景评估：虚拟现实和增强现实技术可以构建各种情境和场景，使用户在特定的环境和条件下体验产品。这有助于设计师了解产品在不同情境和场景中的适用性、舒适度和安全性，从而优化产品的使用和体验设计。

（二）用户体验评估方法与指标

虚拟现实与增强现实技术在用户体验评估中的应用需要设计一套科学、有效和可操作的评估方法和指标。这些方法和指标可以包括以下几个方面：

任务与目标：评估过程中，设计师需要为用户设定具体的任务和目标，以引导用户在虚拟或半虚拟环境中进行有针对性的体验。这些任务和目标应该涵盖产品的主要功能、性能和场景，以确保评估结果的全面性和代表性。

观察与记录：设计师需要在评估过程中观察和记录用户的行为、表情和语言等信息，以分析用户的需求、疑惑和满意度。这些观察和记录可以通过摄像头、传感器和日志等手段进行，以获取客观、真实和详细的评估数据。

量化指标：设计师需要根据产品的特点和目标，选取一些量化指标来衡量用户体验的质量和效果。这些指标可以包括任务完成时间、错误次数、心率变异等生理和心理参数，以及满意度、易用性、吸引力等主观评价指标。

反馈与讨论：评估过程结束后，设计师需要与用户进行反馈和讨论，收集用户对产品的建议和意见，以指导产品设计的优化和改进。这些反馈和讨论可以通过问卷、访谈和焦点小组等方式进行，以获取多元、深入和具体的评估信息。

（三）用户体验优化策略与案例

根据虚拟现实与增强现实技术在用户体验评估中的应用，设计师可以采取一些优化策略来改进产品设计。这些策略和案例可以包括以下几个方面：

外观与交互优化：根据用户对产品外观和交互的评估结果，设计师可以调整产品的形状、尺寸和颜色等视觉要素，以及优化产品的界面布局、操作逻辑和提示信息等交互设计。例如，某智能手表设计师通过增强现实技术了解到用户对表盘尺寸和操作方式的需求，从而调整了手表的设计以提高用户满意度。

功能与性能优化：根据用户对产品功能和性能的评估结果，设计师可以增加或删除某些功能、提高或降低某些性能，以满足用户的实际需求和期望。例如，某智能家居系统设计师通过虚拟现实技术发现用户对某些功能的使用频率较低，从而简化了系统的功能设计以降低使用难度。

情境与场景优化：根据用户在不同情境和场景中的体验评估结果，设计师可以针对性地优化产品的使用和体验设计。例如，设计师可以根据用户在户外、办公室和家庭等环境中的使用需求，调整产品的防水、防尘和抗干扰等性能指标，以提高产品的适用性、舒适度和安全性。

个性化与定制优化：虚拟现实与增强现实技术可以帮助设计师更深入地了解用户的个性化需求和定制意愿，从而提供更符合用户期望的产品设计方案。例如，设计师可以根据用户在虚拟现实环境中对汽车内饰颜色、材质和布局的偏好，为用户提供个性化定制的汽车设计方案。

虚拟现实与增强现实技术在用户体验评估中的应用为产品设计带来了新的机遇和挑战。通过运用这些技术，设计师可以更直观、沉浸和高效地了解用户的需求、期望和感受，从而优化产品设计，提高产品的竞争力和市场份额。然而，虚拟现实与增强现实技术在用户体验评估中的应用仍然面临一些技术、成本和伦理等方面的问题和障碍。未来，随着技术的发展和应用的推广，这些问题和障碍有望得到克服和解决，为用户体验评估和产品设计带来更多的创新空间和发展机遇。

本章总结

本章旨在为读者提供一套基于人工智能的个性化定制产品设计方法，为实践应用提供指导和参考。这些方法可以有效提高个性化定制产品设计的效率和精确度，满足消费者对产品个性化的需求。同时，这些方法也有助于解决个性化定制产品设计过程中的挑战，如成本控制、生产效率提升和供应链管理等。

在实际应用中，基于人工智能的个性化定制产品设计方法需要根据具体的产品类型、用户需求和市场环境进行调整和优化。设计师和企业需要灵活运用这些方法，结合自身的经验和创新能力，实现个性化定制产品设计的最佳实践。同时，还需要关注人工智能技术的最新发展趋势，以便及时更新和完善设计方法，提高设计水平。

本章的内容为学者和实践者提供了一套基于人工智能的个性化定制产品设计方法，希望能够推动个性化定制产品设计领域的研究和发展，实现消费者需求的高度满足，促进全球经济发展和生活质量的提高。

随着人工智能技术的不断发展和普及，未来个性化定制产品设计将更加智能化、自动化和高效。在这一过程中，设计师的角色将发生变化，他们将更多地侧重于创意、策略和用户体验的优化，而非传统的细节设计。此外，个性化定制产品设计将越来越多地涉及跨学科知识，如心理学、社会学和经济学等，这将使得产品设计变得更加复杂和多元。

在这种背景下，学者和实践者需要不断探索和尝试新的设计方法和技术，以应对个性化定制产品设计领域所面临的挑战。同时，还需要加强跨学科交流和合作，将人工智能技术与其他相关领域的研究成果相结合，推动个性化定制产品设计的发展。

此外，随着用户需求日益多样化，个性化定制产品设计将不再局限于满足功能性需求，还需要关注环境、社会和文化等层面的需求。因此，未来的个性化定制产品设计将更加注重可持续性、普适性和人文关怀。这也要求设计师和企业在开发和推广个性化定制产品的过程中，充分考虑这些因素，实现人、产品和环境的和谐共生。

第四章　基于人工智能的个性化定制产品设计的伦理与社会影响

第一节 人工智能产品设计的伦理挑战

一、人工智能设计决策的公平性和无偏见

随着人工智能(AI)技术的迅速发展和广泛应用,越来越多的产品设计过程开始采用AI技术。然而,AI技术在产品设计过程中的广泛应用也引发了一系列伦理挑战,其中之一就是确保AI设计决策的公平性和无偏见。

(一)AI设计决策的公平性和无偏见主要涉及的方面

数据驱动的设计决策:AI设计决策通常基于大量的数据进行分析和优化,然而,数据来源的多样性和复杂性可能导致数据中存在潜在的偏见。因此,在进行AI设计决策时,需要确保所使用的数据具有代表性,并对数据进行充分的清洗和处理,以消除潜在的偏见。

多样性和包容性:为了确保AI设计决策的公平性和无偏见,设计师需要关注产品设计的多样性和包容性。这包括确保产品设计能够满足不同用户群体的需求,同时遵循无障碍设计原则,使产品对不同年龄、性别、文化背景和健康状况的消费者都具有友好性。

算法公平性:AI设计决策通常依赖于复杂的算法进行优化。然而,算法本身可能存在不公平性和偏见。因此,在进行AI设计决策时,设计师需要确保所使用的算法具有公平性,能够为所有用户提供公平的服务。

反歧视和反偏见设计原则:为了确保AI设计决策的公平性和无偏见,设计师需要遵循反歧视和反偏见设计原则。这包括在设计过程中避免对特定用户群体的歧视和偏见,同时关注产品对用户的心理和生理影响,确保产品设计不会导致用户产生情感或者健康问题。

(二)设计师和研究人员需要采取的措施

严格把控数据质量:设计师和研究人员需要确保所使用的数据具有代表性,对数据进行充分的清洗和处理,以消除潜在的偏见。同时,还需要关

注数据来源的多样性,避免过度依赖某一特定来源的数据。

引入公平性度量和评估方法:设计师和研究人员需要开发和应用公平性度量和评估方法,以评估 AI 设计决策在不同用户群体之间的公平性。这包括开发用于评估算法公平性的指标和方法,以及设计实验和调查来收集用户对设计决策公平性的反馈。

建立多学科合作团队:为了确保 AI 设计决策的公平性和无偏见,需要建立多学科合作团队,包括设计师、工程师、社会科学家和伦理学家等。这些团队成员需要共同参与设计过程,以确保产品设计充分考虑到多样性和包容性,遵循反歧视和反偏见设计原则。

提高算法透明度和可解释性:设计师和研究人员需要努力提高 AI 算法的透明度和可解释性,以便用户和设计师更好地理解设计决策的原因。这包括开发可解释的 AI 技术,以及向用户和设计师提供关于设计决策过程的详细信息和解释。

培养公平性和无偏见意识:设计师和研究人员需要在培训和教育中加强公平性和无偏见意识的培养。这包括在设计教育中加入关于公平性和无偏见的课程,以及通过研讨会和培训活动向设计师和研究人员传授相关知识和技能。

建立伦理审查机制:为了确保 AI 设计决策的公平性和无偏见,需要建立伦理审查机制,对设计过程进行监督和审查。这包括成立伦理审查委员会,对设计项目进行定期审查,以确保产品设计遵循公平性和无偏见原则。

总之,确保 AI 设计决策的公平性和无偏见是当前人工智能产品设计面临的重要伦理挑战。通过采取一系列措施,设计师和研究人员可以在很大程度上消除设计过程中的不公平性和偏见,为用户提供更公平、更包容的产品设计。

二、确保人工智能设计过程的透明度和可解释性

确保人工智能设计过程的透明度和可解释性是基于人工智能的个性化定制产品设计面临的重要伦理挑战之一。透明度和可解释性不仅有助于提高用户对产品的信任和接受程度,还有助于确保设计决策的公平性和无偏见。本小节将重点讨论以下几个方面:透明度和可解释性的重要性、当前的挑战以及如何在人工智能产品设计中实现透明度和可解释性。

（一）透明度和可解释性的重要性

透明度和可解释性在人工智能产品设计中具有重要意义。首先，透明度和可解释性有助于提高用户对产品的信任。当用户了解产品设计背后的原理和依据时，他们将更愿意接受和使用这些产品。其次，透明度和可解释性有助于确保设计决策的公平性和无偏见。当设计过程透明且可解释时，设计师和研究人员可以更容易地发现潜在的偏见和不公平性，并采取措施加以纠正。最后，透明度和可解释性有助于提高产品的质量。当设计师和研究人员能够清楚地了解设计决策的原因时，他们将更容易发现问题并进行优化。

（二）当前的挑战

尽管透明度和可解释性在人工智能产品设计中具有重要意义，但在实际应用中仍面临一些挑战。首先，许多人工智能算法（如深度学习）具有“黑箱”特性，难以解释其内部工作原理，这使得设计师和研究人员难以理解和解释设计决策的依据。其次，即使对于某些可解释的算法，设计师和研究人员也可能难以将其解释为用户易于理解的形式。最后，透明度和可解释性可能与算法性能之间存在权衡。在某些情况下，提高透明度和可解释性可能会降低算法的性能和准确性。

（三）实现透明度和可解释性的方法

为了克服上述挑战，设计师和研究人员可以采取以下方法实现人工智能产品设计的透明度和可解释性：

（1）开发可解释的 AI 技术：研究人员可以着手开发可解释的 AI 技术，以提高算法的透明度和可解释性。例如，研究者可以开发基于决策树、贝叶斯网络等易于理解的算法，以便在个性化定制产品设计中使用。此外，研究人员还可以尝试设计新型的深度学习结构，使其更容易解释。

（2）可解释性工具与技术：设计师和研究人员可以利用现有的可解释性工具和技术，例如 LIME（局部可解释模型-诊断性解释）和 SHAP（Shapley additive explanation），来解释复杂的人工智能模型。这些工具可以帮助设计师和研究人员理解模型在进行特定决策时所依赖的关键特征和权重。

(3)对用户友好的解释：设计师和研究人员可以尝试将技术性的解释转化为对用户友好的形式，以帮助用户更好地理解产品设计背后的原理。例如，他们可以开发可视化工具，将复杂的算法结果展示为直观的图表。

(4)透明的设计过程：设计师和研究人员可以通过记录和公开人工智能产品设计过程中的关键决策，提高透明度。这可以包括记录模型的训练数据和特征选择、超参数优化等过程，以便其他设计师、研究人员和用户了解设计背后的原理。

(5)伦理审查与监管：企业和研究机构可以建立伦理审查机制，确保人工智能产品设计符合伦理原则。政府和监管机构也可以制定相应的政策和法规，要求企业在设计过程中确保透明度和可解释性。

确保人工智能产品设计过程的透明度和可解释性具有重要的伦理价值和实际意义。尽管当前仍存在一些挑战，但通过开发可解释的 AI 技术、利用可解释性工具和技术、提供对用户友好的解释、实施透明的设计过程以及建立伦理审查和监管机制，设计师和研究人员可以逐步实现人工智能产品设计的透明度和可解释性。

三、人工智能设计与人类设计师角色的共存与互补

随着人工智能技术在产品设计领域的广泛应用，人类设计师和 AI 设计工具之间的关系逐渐成为一个值得关注的问题。

(一)人工智能设计的优势与局限

人工智能在产品设计领域具有一定的优势，例如能够处理大量数据、进行快速迭代优化、自动完成烦琐的设计任务等。然而，人工智能设计也存在一定的局限性，如难以理解用户的情感需求、缺乏创新能力、难以解决复杂的设计问题等。因此，人工智能设计与人类设计师在个性化定制产品设计过程中可以互相补充，发挥各自的优势。

(二)人类设计师的角色转变

随着人工智能技术的发展，人类设计师的角色正在发生变化。在个性化定制产品设计过程中，人类设计师不再仅仅是设计师，而是需要充当创意领导者、项目协调者和用户体验专家等多重角色。人类设计师需要关注用

户的情感需求，挖掘潜在的市场机会，引导 AI 设计工具创造更具吸引力和创新性的产品。

（三）人工智能设计工具的辅助作用

在个性化定制产品设计过程中，人工智能设计工具可以作为人类设计师的有效辅助工具。AI 设计工具可以处理烦琐的设计任务，释放设计师的时间和精力，让他们更加关注创新和用户体验。此外，人工智能设计工具还可以通过数据分析和挖掘，为设计师提供有价值的洞察，帮助他们更好地满足用户需求。

（四）人类设计师与 AI 设计工具的协同创新

在个性化定制产品设计过程中，人类设计师和 AI 设计工具可以通过协同创新，实现更好的设计成果。设计师可以利用 AI 设计工具生成初始设计方案，然后根据用户需求和市场趋势进行调整和优化。同时，设计师还可以通过人工智能设计工具进行快速迭代和优化，提高设计效率。

（五）培训与教育

为了实现人工智能设计与人类设计师在个性化定制产品设计过程中的共存与互补，需要对设计师进行相应的培训和教育。设计师需要学习如何有效地使用 AI 设计工具，了解其优势和局限，并掌握与 AI 设计工具协同创新的方法。此外，设计师还需要不断提升自己的创新能力、沟通协调能力和跨领域知识，以适应不断变化的市场需求和技术环境。

（六）设计伦理与责任

在人工智能设计与人类设计师共同参与的个性化定制产品设计过程中，设计伦理和责任问题显得尤为重要。设计师需要确保人工智能设计工具在遵循伦理原则和法律法规的前提下，满足用户的个性化需求。此外，设计师还需要关注 AI 设计工具可能带来的隐私泄露、数据歧视和环境影响等问题，采取相应措施进行预防和治理。

（七）人工智能设计与人类设计师的未来发展

在未来，随着人工智能技术的不断进步，AI设计工具将在个性化定制产品设计领域发挥越来越重要的作用。然而，人类设计师依然具有不可替代的价值，他们的创造力、情感智慧和跨领域知识将继续为个性化定制产品设计提供关键的支持。因此，人工智能设计与人类设计师在未来将继续共存与互补，共同推动个性化定制产品设计领域的发展。

综上所述，人工智能设计与人类设计师在个性化定制产品设计过程中具有共存与互补的特点。通过挖掘各自的优势，实现协同创新，人工智能设计与人类设计师将共同推动个性化定制产品设计领域的繁荣与发展。为此，我们需要关注人工智能设计的伦理挑战，提高设计师的综合素质，培养新一代的设计人才，以应对未来市场和技术发展的挑战。

四、人工智能产品设计的知识产权与归属问题

随着人工智能在个性化定制产品设计领域的广泛应用，知识产权与归属问题成为一个亟待解决的挑战。以下将深入探讨人工智能产品设计的知识产权与归属问题。

（一）知识产权保护的必要性

知识产权保护在维护创作者权益、激励创新、保障市场竞争秩序等方面具有重要作用。在人工智能产品设计中，知识产权保护将有助于保护创作者的创新成果，激励更多的企业和个人投入个性化定制产品设计领域，推动行业的发展和进步。因此，确保知识产权在人工智能产品设计中得到充分保护是至关重要的。

（二）AI创作的著作权归属

在人工智能产品设计中，AI系统可能会产生具有独创性的设计作品。关于这类作品的著作权归属问题，目前尚无统一的国际规定。一种观点认为，由于AI系统不具备法人地位和人格权，因此AI创作的作品不应享有著作权保护。另一种观点则主张，AI创作的作品应当归属于AI系统的开发者、所有者或使用者。为了解决这一问题，各国需要根据自身的法律体系和

行业实践,制定相应的著作权归属规定。

(三)专利权归属

在人工智能产品设计中,AI系统可能会独立或与人类设计师合作完成专利发明。关于这类发明的专利权归属问题,目前国际上的做法比较多样。一些国家规定,由AI系统完成的发明不予授予专利权,而仅保护人类发明人的权益;另一些国家则允许将AI系统列为发明人,但专利权仍需归属于人类。随着AI在产品设计领域的应用日益普及,各国需要充分考虑AI系统在专利创造过程中的贡献,重新审视现有的专利权归属规定,并在确保创新成果得到保护的同时,为人工智能发明提供恰当的法律地位和权益保障。

(四)商业秘密保护

在人工智能产品设计过程中,可能涉及大量的商业秘密,如设计方法、算法、数据集等。为保护企业的核心竞争力和知识产权,确保商业秘密不被泄露或滥用,企业需要建立健全的商业秘密保护制度,包括对人工智能系统的访问权限控制、数据加密技术应用以及与合作方签订保密协议等。此外,各国也需要完善商业秘密保护的法律法规,以便更好地规范人工智能产品设计领域的竞争行为。

(五)国际法律法规框架

随着人工智能技术的全球化发展,各国在知识产权保护方面面临诸多挑战,如法律法规的不同、知识产权保护水平的差异等。为了更好地解决这些问题,各国需要加强国际合作,积极参与制定统一的国际法律法规框架。例如,加强世界知识产权组织(WIPO)等国际组织在知识产权领域的合作,推动人工智能产品设计知识产权保护的全球标准化和协同。

基于人工智能的个性化定制产品设计涉及众多的知识产权与归属问题,需要各国政府、企业和法律界共同努力,完善相关法律法规和保护措施,以确保创新成果得到充分保护,推动人工智能在产品设计领域的健康、可持续发展。在此过程中,不仅要关注知识产权的保护,还要兼顾公平竞争和行业发展的需要,以实现人工智能技术与人类社会的和谐共生。

第二节　个性化定制产品设计对传统产业的影响

一、传统制造业生产方式的转型与升级

随着人工智能技术的快速发展，个性化定制产品设计对传统制造业带来了深刻的影响。在此背景下，传统制造业需要进行生产方式的转型与升级，以适应市场需求的变化和提高竞争力。

（一）从大规模生产转向灵活制造

传统制造业往往以大规模生产为主，追求规模效益。然而，在个性化定制产品设计的大背景下，消费者对产品的需求变得越来越多样化，这使得大规模生产的优势逐渐减弱。因此，传统制造业需要转向灵活制造，实现生产线的快速调整，以满足不同类型和数量的产品需求。这种转变可以通过引入人工智能技术实现，如采用智能机器人和自动化生产线等，提高生产的效率和灵活性。

（二）数字化与智能化改造

为适应个性化定制产品设计的需求，传统制造业需要进行数字化与智能化改造。这包括将人工智能技术应用于生产过程中，如通过机器学习和大数据分析提高生产过程的预测和优化能力，降低生产成本；利用物联网技术实现设备的远程监控和故障诊断，提高生产设备的可靠性和运行效率；通过虚拟现实和增强现实技术对产品设计进行快速评估和修改，缩短产品开发周期等。

（三）供应链优化与集成

随着个性化定制产品设计的兴起，传统制造业的供应链也需要进行相应的优化与集成。这主要体现在两个方面：一是通过人工智能技术优化供应链管理，提高供应链的透明度和协同效率，降低库存成本和物流成本；二是加强与上下游企业的合作，实现供应链的集成和协同创新，提高整个产业

链的竞争力。

(四)产业生态系统的构建与创新

面对个性化定制产品设计的挑战,传统制造业需要积极构建与创新产业生态系统。这包括与不同产业领域的企业建立合作伙伴关系,形成跨行业的创新合作网络,共同开发新技术、新材料、新工艺等,以提升产品竞争力。此外,传统制造业还需要与高等院校、研究机构、政府等进行深度合作,共同推动产业政策、人才培养、技术研发等方面的协同创新,为实现产业升级和可持续发展提供强大的支持。

(五)培养新型人才

传统制造业在进行生产方式的转型与升级过程中,对人才的需求也发生了变化。在个性化定制产品设计的背景下,制造业需要培养具有跨学科知识、创新思维和团队协作能力的新型人才。这不仅要求企业加大对员工的培训和教育投入,还需要与高校、职业培训机构等合作,共同开展人才培训和教育工作,以满足制造业转型升级的人才需求。

(六)融入全球价值链

在全球化背景下,传统制造业需要积极融入全球价值链,参与国际市场竞争。这意味着企业需要关注全球市场动态,不断优化产品设计和生产工艺,提升产品质量和品牌价值。同时,企业还需要加强与国际同行的交流与合作,学习先进的管理经验和技术,提高自身在全球市场中的竞争力。

综上所述,在人工智能技术驱动下的个性化定制产品设计对传统制造业带来了巨大的影响。传统制造业需要进行生产方式的转型与升级,以适应市场需求的变化和提高竞争力。具体措施包括从大规模生产转向灵活制造、进行数字化与智能化改造、优化与集成供应链、构建与创新产业生态系统、培养新型人才、融入全球价值链等。只有在这些方面取得突破,传统制造业才能在个性化定制产品设计的浪潮中立于不败之地,实现可持续发展。

二、供应链和物流的变革与挑战

个性化定制产品设计在满足消费者个性化需求的同时,也给传统产业的供应链和物流带来了变革与挑战。以下我们将深入探讨这些变革与挑战，并分析如何应对这些问题以适应个性化定制产品设计的需求。

（一）供应链碎片化

在个性化定制产品设计的背景下，产品种类繁多，生产批次较小，这导致供应链变得碎片化。企业需要与更多的供应商建立合作关系，以满足各种不同的原材料、零部件和技术需求。为应对这一挑战，企业需要采取措施，如建立动态的供应商管理系统、实施多元化的采购策略、加强与供应商的信息共享和协同工作。

（二）需求预测困难

由于个性化定制产品需求的不确定性，传统的需求预测方法在这种情况下可能失效。为应对这一挑战，企业需要运用人工智能技术，如机器学习和深度学习，对消费者数据进行分析和挖掘，以更准确地预测个性化定制产品的需求。

（三）生产计划调整

个性化定制产品的生产需要在短时间内满足不断变化的需求。因此，企业需要灵活调整生产计划，以适应市场变化。为实现这一目标，企业可以运用人工智能技术进行生产计划的智能调度和优化，提高生产效率。

（四）库存管理压力增大

个性化定制产品的多样性和不确定性导致库存管理的压力增大。企业需要在减少库存成本和满足客户需求之间寻求平衡。这需要企业运用人工智能技术进行库存管理，通过智能分析消费者需求和供应链情况，实现库存的精细化管理。

（五）物流体系的适应性

个性化定制产品需要更快的物流服务以满足消费者的需求。企业需要构建一个灵活、高效的物流体系，以应对个性化定制产品的物流挑战。这包括运用大数据和物联网技术进行物流信息的实时监控，实现物流过程的智能优化；与物流服务提供商建立紧密的合作关系，共同应对物流挑战；运用人工智能技术进行智能路径规划和调度，以提高物流效率。

（六）企业与合作伙伴关系的变化

个性化定制产品设计对企业与供应商、分销商和物流服务提供商之间的合作关系提出了新的要求。在这种背景下，企业需要与合作伙伴建立更紧密、更灵活的合作关系，通过加强信息共享和协同工作，实现供应链和物流的优化。

（七）生产模式的转型

为应对个性化定制产品的生产挑战，企业需要从传统的批量生产模式转向更加灵活的生产模式。这包括采用模块化设计、柔性制造和数字化生产等技术，以提高生产的灵活性和效率。

（八）绿色物流的实践

随着人们环保意识的提高，企业在物流过程中需要关注绿色物流的实践。这包括运用人工智能技术进行物流路径的优化，减少运输距离和尾气排放；采用环保包装材料，减少对环境的影响；加强废弃物的回收利用，提高资源利用率。

在个性化定制产品设计的背景下，传统产业的供应链和物流面临着诸多变革与挑战。企业需要运用人工智能技术，加强与合作伙伴的协同工作，实现供应链和物流的优化，以适应个性化定制产品设计的需求。同时，企业还需要关注绿色物流的实践，努力实现可持续发展。

三、对传统设计师和设计团队的影响

个性化定制产品设计以及人工智能技术的应用对传统设计师和设计团队产生了重要影响。

（一）技能要求的变化

随着人工智能技术在个性化定制产品设计中的广泛应用，传统设计师需要学习和掌握新的技能，以适应行业发展的需求。这包括了解人工智能技术的基本原理和应用方法，掌握数据分析和处理技能，以及学会与人工智能系统协同工作。

(二)创新思维的重要性

在个性化定制产品设计的背景下，设计师需要具备更强的创新思维能力。他们需要从用户需求出发，结合人工智能技术，不断探索和尝试新的设计方案，以满足个性化需求。这对设计师的创新思维能力提出了更高的要求。

(三)协同工作的必要性

传统设计师在个性化定制产品设计过程中需要与人工智能系统紧密协同。设计师需要学会利用人工智能系统提供的数据和建议，优化设计方案。同时，设计师也需要指导和监督人工智能系统，确保其正确理解和实现设计需求。这对设计师的协同工作能力提出了新的挑战。

(四)角色定位的调整

随着人工智能技术的发展，设计师的角色定位可能会发生一定程度的调整。设计师可能需要从过去主要负责设计方案的创意和实现，转向更加关注用户需求分析、设计策略制定以及人工智能系统的指导和监督等方面。这意味着设计师需要调整自己的工作方式，适应新的角色定位。

(五)人机共创的趋势

在个性化定制产品设计中，人工智能技术和传统设计师的协同工作将成为一种趋势。设计师需要利用人工智能技术的优势，提高设计效率和质量，同时保持自己的创新思维和个性化表达。人机共创将成为未来设计行业的发展方向。

个性化定制产品设计对传统设计师和设计团队产生了深远的影响。设计师需要学习新技能，发挥创新思维，加强协同工作，适应新的角色定位，以应对行业发展带来的挑战。

四、对设计行业的影响

人机共创将成为设计行业的一种新趋势，有望推动设计领域的创新和发展。

（一）教育培训的需求增加

随着个性化定制产品设计与人工智能技术的融合，传统设计师和设计团队面临着不断提升自身技能的需求，这使得设计教育和培训方面的需求逐渐增加。高校、职业培训机构以及企业都需要加大对设计师的教育和培训力度，培养具备跨学科知识和技能的设计人才。

（二）传统设计团队的组织结构调整

为适应个性化定制产品设计的新需求，传统设计团队需要对组织结构进行调整。设计团队可能需要引入数据分析师、人工智能工程师等新角色，以支持设计师更好地利用人工智能技术进行个性化定制产品设计。同时，设计团队需要加强内部协同，打破原有的工作界限，形成高效的跨职能团队。

（三）设计行业竞争格局的变化

随着人工智能技术在个性化定制产品设计中的广泛应用，设计行业的竞争格局也将发生变化。具备先进技术和创新能力的设计公司将在市场中占据优势地位，而那些无法适应新技术和新趋势的企业将面临巨大的竞争压力。这将促使设计行业整体加速向高质量、高效率、高创新的方向发展。

（四）对人工智能伦理问题的关注

在个性化定制产品设计过程中，人工智能技术可能涉及一系列伦理问题，如数据隐私、公平性和可解释性等。传统设计师和设计团队需要关注这些伦理问题，确保在利用人工智能技术的同时，充分尊重用户权益，遵循行业道德规范。

通过以上分析，我们可以看到个性化定制产品设计对传统设计师和设计团队带来了诸多挑战和机遇。在这个过程中，设计师需要不断提升自己的技能和素质，适应行业发展的新趋势，实现与人工智能技术的有机融合，共同推动设计行业的创新和进步。

五、人工智能对传统产业的融合与创新

随着人工智能技术的不断发展和普及，其在传统产业中的应用也日益广泛。在个性化定制产品设计领域，人工智能不仅为传统产业带来了新的设计理念和方法，还推动了产业融合和创新。

（一）提高生产效率

在个性化定制产品设计中，人工智能技术的应用可以显著提高生产效率。通过对大量数据进行分析和处理，人工智能系统能够为设计师提供精准的用户需求信息，从而加快设计方案的制订和优化过程。此外，人工智能技术还可以辅助设计师在短时间内生成大量创意方案，提高设计效率。

（二）优化产品质量

人工智能技术在个性化定制产品设计中的应用，可以帮助设计师更准确地满足用户的个性化需求，从而提高产品质量。通过对用户数据的深入挖掘，人工智能系统能够为设计师提供更多有价值的设计建议，有助于实现更精准的个性化定制。

（三）促进产业融合

人工智能技术在个性化定制产品设计中的应用，推动了不同产业之间的融合。例如，通过引入人工智能技术，传统制造业可以与互联网、大数据、物联网等新兴领域进行深度融合，形成新的产业链条和商业模式。这种产业融合有利于提升整个产业生态的竞争力和创新能力。

（四）创新商业模式

在个性化定制产品设计中，人工智能技术的应用为企业创新商业模式提供了新的可能。借助人工智能技术，企业可以更精准地了解市场和用户需求，从而调整商业策略，实现差异化竞争。同时，人工智能技术还可以帮助企业优化供应链管理、物流配送等环节，降低运营成本，提高盈利能力。

(五)拓展新的市场领域

人工智能技术在个性化定制产品设计中的应用,为企业拓展新的市场领域创造了条件。通过将人工智能技术与传统产业相结合,企业可以进入新的市场领域,满足更多用户的个性化需求。例如,通过引入人工智能技术,家具、家居、服装等传统产业可以实现更加精细化的个性化定制服务,吸引更多消费者。

(六)促进绿色可持续发展

人工智能技术在个性化定制产品设计中的应用,有助于实现绿色可持续发展。通过精确预测用户需求,企业可以有效减少资源浪费,提高资源利用率。此外,人工智能技术还可以辅助企业优化生产过程,降低能源消耗和环境污染,实现环保生产。

(七)人才培养和人才需求变化

人工智能技术在个性化定制产品设计中的应用,改变了传统产业对人才的需求。企业需要招聘具备跨学科知识和技能的人才,如熟悉人工智能技术的设计师、数据分析师等。这对高校和职业培训机构提出了新的教育和培训需求,推动了人才培养体系的创新和完善。

(八)提升用户体验

人工智能技术在个性化定制产品设计中的应用,可以显著提升用户体验。通过对用户数据的深入挖掘,企业可以更准确地满足用户的个性化需求,实现高度定制化的产品和服务。此外,人工智能技术还可以为用户提供更加智能化、便捷化的购物体验,增强用户满意度和忠诚度。

(九)促进产业创新

人工智能技术在个性化定制产品设计中的应用,为传统产业带来了新的创新动力。企业可以利用人工智能技术进行数据分析、模式识别等工作,从而发现潜在的创新机会。这有助于推动企业不断创新产品、服务和商业模式,实现持续发展。

综上所述，人工智能技术在个性化定制产品设计中的应用，对传统产业产生了深远的影响。在未来，随着人工智能技术的不断发展和完善，其在传统产业中的应用将更加广泛，为产业融合与创新提供更多可能。

第三节　个性化定制产品设计对环境与可持续发展的影响

一、个性化定制产品设计对资源利用的优化

个性化定制产品设计是一种以消费者需求为核心的设计理念，其关键在于准确地满足消费者的个性化需求，从而提高产品的满意度和使用价值。在这一过程中，资源的高效利用成为一个重要的议题。人工智能技术的发展为个性化定制产品设计提供了有力支持，有助于实现资源利用的优化。

（一）减少资源浪费

个性化定制产品设计可以有效地减少资源浪费。传统的大规模生产模式往往采用批量生产，这意味着生产过程中可能会出现大量的库存积压，从而导致资源的浪费。而个性化定制产品设计则是基于消费者的实际需求进行生产，这有助于降低库存积压的风险，减少不必要的生产成本和资源浪费。

（二）提高资源利用效率

借助人工智能技术，个性化定制产品设计可以实现对生产过程的精细化管理，从而提高资源利用效率。例如，通过运用大数据分析和机器学习算法，企业可以更精确地预测消费者的需求，为生产过程提供有力的数据支持。这有助于企业合理配置生产资源，减少生产过程中的资源浪费，提高资源利用效率。

（三）优化材料选择和使用

个性化定制产品设计可以促使企业更加关注材料的选择和使用。在产

品设计过程中，设计师可以根据消费者的个性化需求，选择更环保、更可持续的材料。例如，采用可降解材料、绿色环保材料等替代传统材料。这有助于降低产品对环境的负面影响，实现可持续发展。

（四）促进循环经济发展

个性化定制产品设计有助于推动循环经济的发展。首先，定制产品通常具有更高的使用价值，消费者更可能长时间使用，从而降低产品的更换频率和废弃量。其次，在定制产品的生产过程中，企业可以加强对废弃物和剩余材料的回收和利用，进一步减少资源浪费。此外，个性化定制产品设计还可以促使企业更加重视产品的可回收性和可拆卸性，从而方便产品在使用寿命结束后进行资源回收和再利用。这些举措将有助于实现循环经济的发展，提高资源的利用率。

（五）创新生产模式

个性化定制产品设计的普及将推动企业不断创新生产模式。例如，数字化生产技术如 3D 打印、数控加工等可以实现快速、低成本的定制生产。这些技术的应用有助于降低生产成本，减少资源浪费，同时提高产品质量。此外，企业还可以通过搭建数字化平台，实现消费者、设计师和制造商之间的信息共享和协同，进一步提高生产过程的效率，优化资源利用。

（六）推广绿色设计理念

人们的可持续发展理念和环保意识日益加强，个性化定制产品设计在资源利用优化方面发挥了重要作用。设计师在产品设计过程中更加关注绿色设计理念，包括节能、环保、可循环利用等方面。绿色设计理念的推广有助于提高消费者的环保意识，从而促使企业在生产过程中更加注重资源的合理利用，实现可持续发展。

综上所述，个性化定制产品设计在资源利用方面具有重要意义。通过减少资源浪费、提高资源利用效率、优化材料选择和使用、促进循环经济发展、创新生产模式以及推广绿色设计理念等途径，个性化定制产品设计有助于实现资源的优化利用，为可持续发展和环保事业贡献力量。

二、减少浪费和提高循环利用率

个性化定制产品设计对环境与可持续发展的影响之一是减少浪费和提高循环利用率。在传统的大规模生产模式下，企业通常会生产大量相同的产品，而这些产品可能并不完全符合消费者的需求，从而导致资源的浪费。个性化定制产品设计旨在更好地满足消费者的需求，减少生产过程中的资源浪费，并提高产品的循环利用率。以下几点阐述了个性化定制产品设计如何实现这一目标。

（一）减少库存和生产浪费

传统的生产模式往往会导致大量的库存积压，这不仅占用了宝贵的资源，还可能导致产品的报废。个性化定制产品设计通过满足消费者个性化的需求，使得产品生产更加精准，从而减少库存和生产浪费。同时，采用按需生产的模式，可以降低生产过程中的材料浪费，提高资源利用率。

（二）促进产品再利用和循环利用

个性化定制产品设计可以根据消费者的需求，选用可回收或可再利用的材料，以降低产品在使用寿命结束后对环境的负面影响。此外，设计师可以在产品设计阶段考虑产品的可拆卸性和可维修性，使得产品在使用过程中更容易进行更换和修复，从而延长产品的使用寿命，减少浪费。

（三）提高资源利用效率

个性化定制产品设计可以利用先进的数字化生产技术（如 3D 打印、数控加工等），实现对材料的精确控制，减少生产过程中的资源浪费。此外，这些技术还可以在生产过程中实时监测材料的使用情况，从而调整生产参数，进一步提高资源利用效率。

（四）引导消费者合理消费

个性化定制产品设计可以提高消费者对产品的满意度，引导消费者更加注重产品的质量和性能，而不是盲目追求数量。这将有助于减少过度消费和不必要的浪费，促进资源的合理利用。

(五)倡导绿色生产和循环经济

个性化定制产品设计可以倡导企业践行绿色生产、循环经济等理念,从而减少生产过程中的资源消耗和环境污染。通过优化产品设计、生产工艺和供应链管理,企业可以实现对资源的高效利用,减少废弃物的产生,从而实现可持续发展。

(六)改进产品设计过程中的材料选择

个性化定制产品设计可以根据消费者的需求和可持续发展理念,对产品材料选择进行优化。设计师可以选择可生物降解、可再生和可循环利用的材料,以降低产品对环境的负面影响。此外,个性化定制产品设计还可以通过材料科学和工程技术的发展,引入新型环保材料,提高产品的环保性能。

(七)促进废弃物资源化利用

个性化定制产品设计可以推动废弃物资源化利用,将废旧产品转化为有价值的资源。例如,废旧家具、电子产品等可以通过再生、改造等方式,赋予其新的功能和价值。这样既可以减少废弃物的产生,又可以为新产品提供原材料,降低生产成本,实现资源的循环利用。

(八)提高消费者对可持续发展的认识

个性化定制产品设计可以通过教育和宣传,提高消费者对可持续发展和环保理念的认识。消费者在选择个性化定制产品时,可以了解产品的环保属性和循环利用价值,从而在购买和使用产品过程中,更加注重资源的合理利用和环保问题,减少浪费。

个性化定制产品设计在减少浪费和提高循环利用率方面具有显著优势。通过采用先进的数字化生产技术、优化产品设计和材料选择、推动废弃物资源化利用等方式,个性化定制产品设计有助于实现资源的高效利用,减轻环境负担,为可持续发展做出贡献。

三、促进绿色生产和环保材料的应用

个性化定制产品设计可以有效促进绿色生产和环保材料的应用。绿色生产是指在产品生命周期的各个阶段(包括设计、生产、使用和处置),采取环保措施降低对环境的负面影响,实现经济、社会和环境的协调发展。环保材料是指具有低污染、低能耗、可再生和可降解等特点的材料。以下将深入探讨个性化定制产品设计如何促进绿色生产和环保材料的应用。

(一)将环保理念融入产品设计

个性化定制产品设计可以在设计阶段就将绿色生产和环保材料的理念融入其中。设计师可以根据消费者的需求和环保理念,对产品的结构、功能和使用寿命进行优化,从而实现资源和能源的节约。此外,设计师还可以将循环经济和可持续发展的理念融入产品设计中,提高产品的循环利用率和降解性能。

(二)采用环保材料和绿色生产工艺

个性化定制产品设计可以通过选择环保材料和采用绿色生产工艺,降低产品对环境的负面影响。环保材料具有低污染、低能耗、可再生和可降解等特点,可以替代传统材料,减少资源消耗和污染物排放。绿色生产工艺则可以提高生产过程中的能源利用率和资源利用率,减少废弃物的产生。

(三)创新环保材料的研发和应用

个性化定制产品设计可以推动环保材料的研发和应用创新。设计师和研究人员可以通过对新型环保材料的研究和开发,实现产品性能的提升和环保性能的优化。新型环保材料可以在个性化定制产品设计中得到广泛应用,实现绿色生产和可持续发展的目标。

(四)增强消费者的环保意识

个性化定制产品设计可以通过教育和宣传,提高消费者对绿色生产和环保材料的认识。消费者在选择个性化定制产品时,可以更加关注产品的环保性能和可持续发展理念,从而推动企业采用绿色生产工艺和环保材料。此外,消费者还可以通过社交媒体、线上评价等途径,传播绿色消费理念,引导更多人关注环保和可持续发展。

(五)政策和法规的引导和支持

政府可以通过制定相关政策和法规,鼓励和支持个性化定制产品设计中绿色生产工艺和环保材料的应用。例如,政府可以给予采用环保材料和绿色生产工艺的企业税收减免、财政补贴等优惠政策,以刺激企业积极投入环保创新。此外,政府还可以加强对环保材料研发的支持,提高研发投入,推动绿色材料的产业化和规模化发展。

(六)建立绿色供应链

个性化定制产品设计可以通过建立绿色供应链,整合上下游企业的资源和能力,共同推进绿色生产和环保材料的应用。绿色供应链管理要求企业在供应链的各个环节都采取环保措施,降低对环境的负面影响。通过与供应商、物流企业和分销商等合作伙伴共同开展绿色生产和环保材料的应用,个性化定制产品设计可以实现全产业链的绿色转型。

(七)提高产品循环利用率

个性化定制产品设计可以通过改进产品设计,提高产品的循环利用率。设计师可以采用模块化、通用化等设计方法,提高产品的拆卸和更换性能,从而延长产品的使用寿命,减少废弃物的产生。此外,设计师还可以在产品设计中考虑产品回收和再利用的需求,为废弃物的循环利用提供便利。

综上所述,个性化定制产品设计在促进绿色生产和环保材料的应用方面具有显著优势。通过将环保理念融入产品设计、采用环保材料和绿色生产工艺、创新环保材料的研发和应用等措施,个性化定制产品设计可以为实现环保与可持续发展目标做出积极贡献。

四、可持续发展视角下的个性化定制产品设计实践

在可持续发展背景下,个性化定制产品设计需要关注资源高效利用、环境友好性和社会责任。

(一)环保材料的选用

在个性化定制产品设计中,环保材料的选用是实现可持续发展的关键

环节。设计师可以优先考虑使用可再生、可降解、低毒性和低碳排放的材料，以减少产品对环境的负面影响。此外，设计师还可以关注材料的生命周期分析(LCA)，选择具有较低环境负荷的材料。

(二)节能与减排

个性化定制产品设计应关注产品的能源消耗和排放情况。设计师可以通过采用高效能源利用技术、绿色生产工艺和循环利用策略，实现产品的节能和减排。例如，在家电产品设计中，可以通过改进电子元器件、提高能源转换效率等措施，降低产品的能耗；在汽车产品设计中，可以采用新能源技术、轻量化材料和智能驾驶等手段，实现低碳出行。

(三)生产过程的绿色化

个性化定制产品设计应关注整个生产过程的绿色化。这包括在生产工艺上采用低污染、低能耗和高资源利用率的技术，以及在生产管理上实施环境管理体系(EMS)，确保企业生产活动对环境的影响得到有效控制。此外，企业还可以通过引入循环经济模式、发展绿色供应链等方式，提高整个产业链的环保水平。

(四)设计思维的转变

在可持续发展背景下，个性化定制产品设计需要突破传统设计思维，注重产品的生命周期管理。设计师可以从产品的设计、生产、使用、回收和处理等各个环节出发，采用循环设计、绿色设计、生态设计等方法，实现产品的可持续发展。此外，设计师还需要关注用户需求的多样性和可持续性，通过创新设计满足用户对绿色、环保、健康等方面的需求。

(五)消费者教育和参与

个性化定制产品设计应关注消费者的教育和参与。企业和设计师可以通过宣传、培训和互动等方式，提高消费者对可持续发展的认识和关注度，引导消费者形成绿色消费观念。此外，消费者在个性化定制产品设计过程中具有重要的参与价值，企业可以借助互联网、物联网和大数据等技术，实现对消费者需求的精准捕捉和快速响应，为消费者提供更符合可持续发展要求的个性化定制产品。

(六)政策和标准支持

政府和行业组织在推动个性化定制产品设计的可持续发展方面发挥着重要作用。政府可以制定相应的政策、法规和标准,对环保材料、绿色生产、循环利用等方面提出明确要求,引导企业加大环保投入和技术创新力度。此外,政府还可以通过财政、税收、信贷等手段,对绿色产品设计和生产提供支持和激励,促进整个产业的可持续发展。

(七)产学研合作与创新

为实现个性化定制产品设计的可持续发展,企业、高校和研究机构需要加强合作与创新。这包括共同开展绿色材料、节能技术和循环经济等方面的研究,推动产业技术的进步和更新;共建绿色设计、绿色制造和绿色管理等方面的教育培训体系,培养具有可持续发展意识的设计人才;共同参与国际合作和交流,引进先进的绿色设计理念和技术,提高个性化定制产品设计的国际竞争力。

综上所述,可持续发展视角下的个性化定制产品设计实践需要从多个方面入手,关注环保材料的选用、节能与减排、生产过程的绿色化、设计思维的转变、消费者教育和参与、政策和标准支持以及产学研合作与创新等诸多因素。通过综合运用这些策略,个性化定制产品设计有望实现可持续发展,为人类社会的繁荣和进步做出贡献。

第四节　个性化定制产品设计对用户隐私与数据安全的影响

一、用户数据的收集、存储、使用和删除

在个性化定制产品设计中,人工智能技术对用户数据的收集、存储和使用至关重要。数据对于提供个性化服务和优化产品设计具有重要价值,但同时也涉及用户隐私和数据安全的问题。

(一)用户数据的收集

为了实现个性化定制产品设计,企业需要收集大量的用户数据,包括用户的基本信息、喜好、需求、行为等。数据收集的方法有很多,如问卷调查、在线追踪、社交媒体挖掘等。在收集用户数据时,企业应遵循以下原则:①合法性原则,收集数据时需遵守相关法律法规,如在欧洲需要遵守《通用数据保护条例》(GDPR);②透明性原则,向用户明确告知收集数据的目的、范围和方式,避免使用隐蔽手段获取数据;③最小化原则,只收集必要的数据,避免过度收集。

(二)用户数据的存储

企业在存储用户数据时需要考虑数据的安全性和可靠性。一方面,企业应采用先进的加密技术和安全措施保护数据,防止数据泄露、篡改和丢失;另一方面,企业应遵守数据存储的相关法律法规,如网络安全法等。此外,企业还需制定并执行严格的数据存储策略,如定期备份、设置数据访问权限等,确保数据的安全存储。

(三)用户数据的使用

企业在使用用户数据时应遵循以下原则:①目的明确原则,使用数据时需遵循收集数据时所告知用户的目的,不得擅自更改目的或将数据用于其他用途;②限制分享原则,企业在与合作伙伴共享数据时应确保数据的安全和隐私,遵循用户知情同意的原则;③数据处理原则,企业在使用数据进行分析和建模时,应采用隐私保护技术,如差分隐私、同态加密等,以保护用户隐私。

(四)用户数据的删除和迁移

当用户不再使用企业的服务或要求删除其数据时,企业应按照相关法律法规和用户要求,及时删除或迁移用户数据。此外,企业还需建立完善的数据生命周期。

二、管理机制——确保数据在各个阶段得到合理的处理和保护

(一)用户数据的伦理挑战

在收集、存储和使用用户数据的过程中,企业需要面对诸多伦理挑战,如数据歧视、数据滥用、隐私侵犯等。为了应对这些挑战,企业应采取以下措施:①加强内部管理和培训,提高员工对数据伦理的认识和素养;②建立健全的数据伦理政策和规范,明确企业在数据处理过程中的责任和义务;③与监管机构、行业协会、学术机构等保持紧密合作,探讨数据伦理的最佳实践和行业标准;④定期进行数据伦理审查和风险评估,发现并纠正潜在的问题。

(二)用户数据权益保护

在个性化定制产品设计中,企业应尊重和保护用户的数据权益,包括知情权、同意权、访问权、更正权、删除权、数据迁移权等。具体措施包括:①制定并公开透明的隐私政策,告知用户数据的收集、存储和使用情况;②建立用户访问、更正和删除数据的便捷通道,方便用户行使其权利;③在数据共享和处理过程中,遵循用户知情同意的原则,避免违背用户意愿的行为。

综上所述,个性化定制产品设计对用户隐私与数据安全的影响至关重要。企业在收集、存储和使用用户数据的过程中,应遵循相关法律法规和伦理原则,保护用户隐私,确保数据安全,同时最大限度地发挥数据的价值,为用户提供高质量的个性化定制产品和服务。在此基础上,企业还需不断创新数据处理技术和方法,充分挖掘数据的潜力,为可持续发展和绿色生产提供有力支持。

三、确保用户隐私权和信息安全

个性化定制产品设计依赖于大量的用户数据,因此如何确保用户隐私权和信息安全成为一个关键问题。以下将重点探讨在个性化定制产品设计过程中如何保护用户隐私,同时确保信息安全。

(一)隐私保护原则

在个性化定制产品设计中,企业应遵循以下隐私保护原则:①最小化原

则，只收集必要的用户数据，避免收集过多不必要的个人信息；②目的限制原则，收集的数据只能用于特定、明确和合法的目的，不能用于其他与原始目的无关的用途；③保密性原则，确保在收集、存储和处理用户数据的过程中，数据不会被未经授权的第三方获取或泄露；④数据保留期限原则，用户数据应在达到收集目的后的合理时间内被删除或销毁；⑤尊重用户权利原则，尊重并保护用户在数据处理过程中的各项权利，如知情权、同意权、访问权等。

（二）数据安全技术措施

为确保用户隐私和信息安全，企业应采取一系列技术措施，包括但不限于：①加密技术，对敏感数据进行加密处理，保护数据在传输和存储过程中的安全；②访问控制，实施严格的身份认证和权限管理机制，防止未经授权的访问和操作；③网络安全，采取防火墙、入侵检测系统等技术手段，防止网络攻击和数据泄露；④数据备份与恢复，定期对关键数据进行备份，确保在系统发生故障或数据丢失时能够及时恢复；⑤数据脱敏，对数据进行脱敏处理，降低数据泄露的风险。

（三）法律法规和监管政策

为保护用户隐私和信息安全，各国政府和监管机构制定了一系列法律法规和政策。例如，欧盟的《通用数据保护条例》（GDPR）、美国的《加州消费者隐私法案》（CCPA）以及中国的个人信息保护法等。这些法律法规为用户隐私权和信息安全提供了一定程度的保障。在个性化定制产品设计过程中，企业应严格遵守相关法律法规和政策，确保其收集、存储和处理用户数据的活动符合法律规定。同时，企业应积极配合监管机构的检查和监督，及时改正存在的问题，提高自身合规水平。

（四）组织和个人的责任与义务

在个性化定制产品设计过程中，企业、设计师和开发人员等参与者都应承担相应的责任和义务，共同维护用户隐私权和保证信息安全。企业应建立完善的内部管理制度和流程，确保员工在收集、存储和处理用户数据时遵守相关法律法规和企业规定。设计师和开发人员应增强自身的职业道德修养和法律意识，遵循隐私保护原则，确保个性化定制产品设计不侵犯用户的隐私权。

（五）用户教育和意识提高

为了更好地保护用户隐私和信息安全，提高用户在使用个性化定制产品过程中的风险意识和防范能力，企业应积极开展用户教育和宣传活动。例如：制定并公布隐私政策，明确告知用户数据收集、存储和使用的规则；通过线上线下培训、宣传手册等方式，向用户普及隐私保护和信息安全知识；定期发布安全提醒，提醒用户注意保护个人信息。

综上所述，确保用户隐私权和信息安全是个性化定制产品设计过程中的一项重要任务。企业、设计师和开发人员等参与者应共同努力，遵循隐私保护原则，采取有效的技术措施，遵守法律法规和监管政策，履行各自的责任与义务，积极开展用户教育和意识提高，共同维护用户隐私权和信息安全。

四、法律法规和监管政策在数据保护方面的作用

随着信息技术的快速发展，个性化定制产品设计中的数据保护成为一个日益突出的问题。为了确保用户隐私和数据安全得到有效保护，各国政府纷纷出台了一系列法律法规和监管政策。以下将深入探讨这些法律法规和监管政策在数据保护方面的作用。

（一）法律法规的制定与完善

面对日益严重的数据安全和隐私保护问题，各国政府已经制定了一系列相关法律法规。例如，欧盟实施的《通用数据保护条例》（GDPR）、美国的《加州消费者隐私法案》（CCPA）、中国的网络安全法等。这些法律法规为用户隐私权和数据安全提供了基本保障，规定了企业在收集、存储和处理用户数据时应遵循的原则和要求。随着信息技术的发展和社会需求的变化，这些法律法规也在不断完善和更新，以适应新的挑战和需求。

（二）监管政策的制定与实施

为了更好地落实法律法规，各国政府还制定了一系列监管政策。例如：

欧盟设立了数据保护局(EDPB)负责协调和指导各成员国的数据保护工作;美国联邦贸易委员会(FTC)和州级消费者保护机构负责监管企业的数据保护实践;中国的国家互联网信息办公室(CAC)等部门负责对网络安全和数据保护的监管。这些监管政策为法律法规的落实提供了具体指导和支持,确保企业在实践中有效遵守法律法规。

(三)法律法规和监管政策对企业的影响

在个性化定制产品设计过程中,企业应当遵守相关法律法规和监管政策,确保其收集、存储和处理用户数据的活动符合法律要求。这些法律法规和监管政策对企业的运营和管理产生了重要影响,促使企业增强数据保护意识,完善内部管理制度和技术措施,减少数据泄露和隐私侵权风险。

(四)法律法规和监管政策对设计师的影响

法律法规和监管政策不仅影响企业的运营和管理,也对个性化定制产品设计师产生了重要影响。设计师需要了解和遵循相关法律法规要求,以确保在设计过程中充分尊重用户隐私权和保护用户数据。这意味着设计师需要在设计初期就考虑数据保护问题,将隐私保护原则融入设计理念和实践中。例如,设计师可以采用隐私保护设计(privacy by design)的方法,将数据保护作为设计的核心要素,确保用户数据在整个产品生命周期内得到有效保护。

(五)法律法规和监管政策在国际合作中的作用

随着全球化的发展,个性化定制产品设计和制造涉及跨国合作和数据流动。在这一背景下,法律法规和监管政策在国际合作中起到了重要作用。各国政府需要在相互尊重主权的基础上,加强在数据保护领域的合作,协调不同国家的法律法规和监管政策,以促进全球数据流动和合作的健康发展。例如,欧盟与其他国家和地区通过签署相互认可协议(mutual recognition agreement, MRA),确保跨境数据传输符合双方的数据保护要求。

(六)法律法规和监管政策面临的挑战

虽然现有的法律法规和监管政策为用户隐私权和数据安全提供了基本

保障，但仍面临诸多挑战。首先，不同国家的法律法规和监管政策存在差异，企业在跨国经营时可能面临法律冲突和合规困难。其次，随着信息技术的快速发展，新的数据保护问题不断涌现，现有的法律法规和监管政策需要不断完善和更新。此外，监管部门在资源和能力方面也面临挑战，如何有效落实法律法规和监管政策仍是一个亟待解决的问题。

综上所述，法律法规和监管政策在个性化定制产品设计中的数据保护方面发挥了重要作用。企业、设计师和监管部门需要共同努力，遵循法律法规和监管政策的要求，确保用户隐私权和数据安全得到充分保护。同时，各国政府需要加强国际合作，协调不同国家的法律法规和监管政策，以促进全球数据流动和合作的健康发展。在未来的发展过程中，法律法规和监管政策将继续适应信息技术的发展和社会需求的变化，为个性化定制产品设计提供更加完善和有效的数据保护框架。

五、建立健全的数据安全与隐私保护机制

为了在个性化定制产品设计中确保用户隐私与数据安全，有必要建立健全的数据安全与隐私保护机制。以下将深入探讨如何建立这样一种机制，以有效应对数据安全与隐私保护方面的挑战。

（一）制定内部数据保护政策与流程

企业应制定详细的内部数据保护政策与流程，以指导员工在处理用户数据时遵循相应的法律法规和监管政策。这些政策与流程应涵盖数据收集、存储、处理、传输、共享和销毁的全过程，明确各个环节的责任和权限，并为员工提供培训和指导，以确保他们能够正确地执行这些政策与流程。

（二）设计与技术的融合

在个性化定制产品设计过程中，设计师和技术人员应共同努力，将数据保护与隐私保护原则融入产品设计。这意味着设计师在设计初期就要考虑数据安全与隐私保护的要求，运用隐私保护设计（privacy by design）的理念，将数据保护作为设计的核心要素，确保用户数据在整个产品生命周期内得到有效保护。

(三)数据最小化原则

在收集和处理用户数据时,企业应遵循数据最小化原则,即只收集和处理实现目标所必需的最少数据。这有助于降低数据泄露和隐私侵权的风险,同时还能降低数据存储和管理的成本。

(四)数据加密与安全传输

为了确保数据在存储和传输过程中的安全,企业应采用加密技术对数据进行保护。数据加密可以有效防止未经授权的访问和篡改,提高数据安全性。同时,企业还应确保数据在传输过程中使用安全的通信协议,例如采用 SSL/TLS 等技术进行安全传输。

(五)定期进行安全审计与风险评估

企业应定期进行安全审计和风险评估,以检查内部数据保护政策与流程的执行情况,发现潜在的安全漏洞和隐患。通过这些审计与评估,企业可以及时调整和完善数据保护措施,提高数据安全与隐私保护水平。

(六)建立应急响应机制

企业应建立健全应急响应机制,以便在发生数据泄露或隐私侵权事件时迅速采取措施。应急响应机制应包括数据泄露或隐私侵权事件的发现、报告、评估、处置、恢复和改进等环节。企业还应与相关部门、行业组织和其他企业建立合作关系,共同应对数据安全与隐私保护方面的挑战。

(七)加强员工培训和教育

企业应对员工进行定期的数据安全与隐私保护培训和教育,提高员工的数据保护意识和技能。通过培训和教育,员工可以更好地了解法律法规和监管政策的要求,掌握数据保护的基本原则和方法,从而在实际工作中更好地保护用户隐私与数据安全。

(八)用户参与与授权

为了让用户更好地控制自己的数据,企业应提供用户参与与授权的机制，使用户能够自主决定如何使用、共享和管理自己的数据。例如，企业可以通过用户界面、隐私设置等方式，让用户选择是否同意收集和处理特定类型的数据，以及是否同意将数据用于特定目的。

（九）透明度与公开披露

企业应提高数据保护与隐私保护的透明度，向用户和监管部门公开披露其数据保护政策与措施。这有助于提高用户对企业的信任度，同时也有助于监管部门了解企业在数据保护方面的实践，从而更好地进行监管。

（十）不断跟踪与更新技术

随着信息技术的快速发展，数据安全与隐私保护技术也在不断进步。企业应关注新的技术发展，不断更新和完善其数据保护措施，以应对新的挑战和需求。

综上所述，建立健全的数据安全与隐私保护机制对于个性化定制产品设计至关重要。企业、设计师和监管部门需要共同努力，遵循法律法规和监管政策的要求，实施一系列有效的数据保护措施，以确保用户隐私权和数据安全得到充分保护。在未来的发展过程中，随着信息技术和社会需求的变化，数据安全与隐私保护机制将不断完善和发展，为个性化定制产品设计提供更加稳固和高效的保障。

六、进一步优化数据安全与隐私保护机制

（一）跨界合作与交流

企业、学术界、政府和非营利组织应加强在数据安全与隐私保护领域的跨界合作与交流，共享经验、资源和技术，共同应对数据安全与隐私保护方面的挑战。这种合作与交流可以帮助各方更好地了解新的技术发展、法律法规和监管政策的变化，从而更好地保护用户隐私与数据安全。

（二）创新数据保护技术与方法

随着信息技术的快速发展，企业和设计师应关注新的数据保护技术与方法，积极探索如何将这些技术与方法应用于个性化定制产品设计。例如，

可以研究和开发更加高效的加密算法、更加灵活的数据管理工具和更加智能的隐私保护设计方法，以提高数据安全与隐私保护的水平。

(三)引入第三方审计与认证

为了提高用户对企业数据保护措施的信任度，企业可以引入第三方审计与认证机构，对其数据保护政策、流程和技术进行独立审查和评估。这可以帮助企业发现和改进数据保护措施中的不足之处，同时也有助于增加用户和监管部门对企业的信任。

(四)倡导数据保护与隐私保护的社会责任

企业应积极倡导数据保护与隐私保护的社会责任，树立企业在这方面的良好形象。这不仅有利于提高企业的声誉和市场竞争力，同时还有助于推动整个社会对数据安全与隐私保护的重视和关注。

建立健全的数据安全与隐私保护机制是个性化定制产品设计中不容忽视的重要任务。在未来的发展过程中，企业、设计师和监管部门应不断关注新的技术发展和社会需求，优化和完善数据安全与隐私保护机制，以确保用户隐私权和数据安全得到充分保护。同时，跨界合作与交流、创新技术与方法、第三方审计与认证以及倡导社会责任等方面的努力，将进一步推动数据安全与隐私保护机制的健全。

本章总结

本章深入探讨了基于人工智能的个性化定制产品设计的伦理与社会影响，对于理解这一领域的发展趋势和挑战具有重要意义。在科技与设计类书籍中，重点关注这些内容是因为人工智能技术的普及和应用正在对社会产生深远的影响，而设计作为人工智能技术应用的关键环节，需要关注和应对这些伦理和社会问题，以确保人工智能技术在促进经济发展和增加人类福祉的同时，不会对社会和环境造成不良影响。

首先，本章通过讨论人工智能产品设计的伦理挑战，揭示了设计师在面对人工智能技术时需要关注的伦理问题，如公平性、透明度、责任归属等。设计师在应用人工智能技术时，需要充分考虑这些伦理问题，以确保设计出的产品能够遵循社会伦理原则，不会导致歧视、不公平或其他伦理风险。

其次，本章分析了个性化定制产品设计对传统产业的影响，强调了人工智能技术在推动产业转型升级、提高生产效率和满足消费者需求方面的积极作用。然而，这也带来了一定的挑战，如传统产业的就业压力增加和产业结构调整。因此，设计师和政策制定者需要关注这些影响，制定相应的策略来应对挑战，确保人工智能技术在促进经济发展的同时，实现社会的和谐与稳定。

再次，本章探讨了个性化定制产品设计对环境与可持续发展的影响，指出人工智能技术在提高资源利用效率、降低能耗和减少废弃物方面的潜力。然而，这也引发了一些环境和可持续发展方面的担忧，如资源消耗和电力需求。设计师在应用人工智能技术时，需要关注这些问题，将环保和可持续发展理念融入产品设计，以实现绿色、环保和可持续的发展。

最后，本章深入分析了个性化定制产品设计对用户隐私与数据安全的影响，强调了在应用人工智能技术时保护用户隐私与数据安全的重要性。设计师和企业需要关注法律法规和监管政策，建立健全的数据安全与隐私保护机制，以确保用户隐私权和数据安全得到充分保护。同时，本章的讨论也为企业和设计师提供了避免法律风险的重要指导。在全球范围内，随着数据保护和隐私保护立法的不断完善，企业和设计师需要更加重视这些问题，遵循相关法规，以减少潜在的法律风险和经济损失。

综合本章的讨论，我们可以看到，在科技与设计类书籍中，专门关注基于人工智能的个性化定制产品设计的伦理与社会影响具有重要意义。这一讨论不仅有助于设计师和企业了解人工智能技术所带来的机遇和挑战，更为他们应用人工智能技术提供了宝贵的指导和建议，帮助他们遵循伦理原则，关注社会和环境问题，以及遵守法律法规。这样，企业和设计师才能够在确保个性化定制产品设计的高效和创新的同时，实现可持续和负责任的发展，为全球社会和经济带来更多的福祉和价值。

第五章 人工智能技术在个性化定制产品设计中的挑战与前景

第一节 设计师角色的转变

一、设计师与人工智能的协作模式

随着人工智能技术的快速发展和广泛应用，设计师在个性化定制产品设计中的角色和工作方式也发生了重大变革。在这一过程中，设计师与人工智能的协作模式不断演变，以适应新的技术环境和市场需求。

（一）人工智能辅助设计

随着人工智能（AI）技术的日益成熟，它在产品设计领域的应用为设计流程带来了革命性的变化。在 AI 辅助设计模式下，设计师仍然扮演着关键的角色，而 AI 系统则作为一个强大的辅助工具，提供数据分析、方案生成和优化建议。

在 AI 辅助设计模式中，设计师的作用不仅仅是一个创作者，更是一个决策者和解决问题的专家。设计师利用 AI 作为一个工具来提高创造性决策的质量，同时保持人类的直觉和创造性不受限制。设计师通过结合 AI 提供的数据和见解，可以探索更广泛的设计选择，从而实现更创新的设计思维和方案。

AI 技术在数据分析和方案生成方面提供了巨大的支持。通过对市场趋势和用户需求的深入分析，AI 能够帮助设计师快速生成符合市场需求的设计方案。AI 不仅能够生成设计方案，还能提供优化建议，从而帮助设计师提高设计的准确性和可行性。

AI 技术使得收集和分析用户需求变得更加高效。设计师可以利用 AI 分析工具，如情感分析和用户行为分析，来深入理解用户的真实需求。通过 AI 的分析，设计师能够更精准地捕捉目标客户的个性化需求，从而创建更符合市场和用户期望的产品。

AI 技术可以协助设计师生成大量的设计方案，并快速筛选出最优解。这大大减少了设计师在方案筛选上的工作量。AI 的应用不仅提高了设计的效率,还提高了设计方案的质量。设计师可以在更短的时间内探索更多的设计可能性。

AI技术在自动化和优化设计过程中起着关键作用,减轻了设计师在重复和费时工作上的负担。通过AI的辅助,设计师可以更快地响应市场变化,快速迭代和优化设计,从而提高工作效率。

尽管AI辅助设计带来了许多优势,但也存在挑战,如技术的局限性、数据的准确性和创造性的平衡。未来,AI技术在产品设计领域的应用将更加深入,特别是在提高个性化设计水平和响应市场快速变化方面。

(二)设计师与人工智能的共同创作

在产品设计的新时代,设计师与人工智能(AI)的共同创作已成为一种新兴趋势。这种协作模式不仅展示了技术与创意的结合,还为设计师提供了新的视角和工具,以更好地实现创新性和个性化的设计。

在这种模式中,设计师与AI系统在创意、方案选择和优化等环节中相互作用。设计师利用AI作为一种工具和伙伴,共同探索和实现设计的可能性。AI为设计师提供了大量的数据分析、方案生成和优化建议,从而帮助设计师在创意过程中做出更加明智的选择。

与AI的交互帮助设计师激发新的创意和思维方式,拓展他们的设计视野,从而创造出更多创新的设计作品。设计师在这种协作模式中继续扮演着关键角色,负责将创意转化为实际的设计方案和产品。

AI系统能够从海量的设计案例中学习和提炼设计规律,为设计师提供有益的参考和启示。AI的分析和建议能够帮助设计师在创作过程中做出更合理的方案选择,优化设计结果。设计师与AI的互动有助于双方在共同创作中相互启发,产生新颖且有效的设计思路。这种协作模式推动了设计思维的发展,促进了设计理念和方法的创新。

通过结合人类设计师的创造力和AI的数据处理能力,这种协作模式提高了设计的整体质量和效率。共同创作模式使得产品设计更具创新性和个性,满足了市场对独特产品的需求。

尽管这种协作模式带来了许多优势,但也面临着技术限制和创意保护等挑战。随着AI技术的不断发展和完善,设计师与AI共同创作的模式预计将更加普及,为产品设计领域带来更多创新。

（三）人工智能主导设计

在某些特定场景和任务下，人工智能系统可以成为设计过程的主导者。设计师主要负责提供初始需求、约束条件和评价标准，然后由人工智能系统根据这些输入生成设计方案。在这种模式下，设计师的角色更多地体现在对人工智能系统的监督、调整和评估上，以确保设计成果符合人类价值观和审美标准。这种模式适用于一些相对简单、规律性强的设计任务，例如基于模板的图形设计、网站布局设计等。

设计师的角色从直接的创造者转变为AI系统的监督者和评估者。这种转变要求设计师具备更高层次的战略思维和评估能力。设计师在确保AI系统的输出符合人类价值观和审美标准方面发挥着至关重要的作用。这要求设计师不断地与AI系统互动，以确保最终设计成果既创新又人性化。

设计师需要密切监督AI系统的工作流程，确保设计过程和结果符合预期目标。设计师负责对AI生成的设计方案进行评估、调整和细化，以确保设计方案的可行性和实用性。

人工智能主导设计特别适用于简单、规律性强的设计任务，如模板化的图形设计和网站布局设计。在这些场景中，AI不仅可以快速生成大量方案，还可以确保设计的一致性和标准化。

构建AI主导设计系统的技术基础主要包括机器学习和数据分析。在这种模式下，人工智能使用的主要方法和算法包括深度学习、模式识别等，这些技术有助于AI系统理解复杂的设计要求和标准。人工智能主导设计面临的挑战包括创新性的限制和对技术的过度依赖。通过不断优化AI算法和增强设计师与AI的协作，可以有效克服这些挑战。

预计人工智能在设计领域的应用将继续扩展，特别是在数据驱动和用户体验设计方面。未来的挑战在于如何在利用AI的高效性和准确性的同时，保持设计的创新性和符合人类审美。

人工智能主导设计正在逐渐成为现代产品设计的重要趋势。设计师需要适应这种新的工作模式，发挥自己在引导、监督和评估AI系统中的关键作用。随着技术的不断进步，人工智能和人类设计师的合作将为产品设计带来更多可能性。

（四）设计师培训与人工智能系统的持续优化

设计师与AI的互动学习过程是一种双向动态机制。设计师通过指导和反馈持续优化AI系统，而AI则通过分析大数据、生成设计方案等方式辅助设计师。这种互动不仅提高了设计的效率，也增加了创新的可能性。随着AI在设计过程中的角色日益重要，设计师需要掌握相关的AI知识和技能。这包括了解AI的基本原理、数据分析能力，以及与AI系统交互的能力。这些技能能帮助设计师更有效地利用AI工具，实现更精准和创新的设计输出。

设计师通过实践反馈和持续学习，可以有效地改进AI系统的性能。这包括调整算法、优化数据处理流程等。优化后的AI系统能够更好地理解设计意图，为设计师提供更加贴合需求的设计方案。在AI快速发展的背景下，设计师的持续教育和培训显得尤为重要。设计师需要不断更新其AI知识和技能，以适应不断变化的技术和市场需求。这不仅有助于提高个人职业竞争力，也是推动整个设计行业向前发展的关键。

设计师需要密切关注AI技术的最新进展。这不仅有助于他们在实践中应用最新的AI工具和方法，也能激发新的设计思路和创意。

随着AI技术的发展，设计师可以探索新的应用场景和协作模式。这些新模式可能会颠覆传统设计流程，为设计师提供更多创新空间。设计师需要通过AI技术应对不断变化的市场和竞争环境。AI技术能帮助设计师更快地响应市场变化，抓住新的商机。设计师与AI的协作正成为未来设计领域的新趋势。通过持续学习和技术更新，设计师能更好地利用AI工具，提升设计创新性和效率。同时，这种协作模式也对设计行业的未来发展方向提出了新的思考。

（五）设计师的职业发展与人工智能的融合

随着人工智能技术在个性化定制产品设计领域的深入应用，设计师的职业发展也将与人工智能的融合密切相关。未来的设计师需要具备跨学科的知识体系，包括设计原理、人工智能技术、数据分析、心理学等，以便更好地与人工智能系统协作。此外，设计师在多元化设计团队中的沟通、协调和团队协作能力变得尤为重要。在跨学科的技术项目中，设计师不仅需要与其他设计师合作,还可能需要与工程师、产品经理、市场营销专家等不同背景的团队成员合作。在这样的团队中,有效的沟通和协调能力可以帮助设计师更好地理解项目的多个方面,并在必要时提供关键的创意和反馈。

为了适应这种跨学科和技术整合的新趋势,设计教育和培训体系也需要进行相应的调整。设计教育不应仅仅聚焦于传统的视觉和美学训练,而应包括对新兴技术的教育,如人工智能和数据分析。此外,强调团队合作、项目管理和沟通技能的培训也同样重要。在未来的设计行业,设计师需要具备更广泛的综合素质和跨界能力。这不仅包括对不同设计方法的掌握,还包括对最新科技趋势的敏感性和适应能力。设计师需要能够快速学习新工具和技术,并能将这些新知识应用到设计工作中。设计教育机构应制定战略,将人工智能和相关技术整合到设计教育中。这不仅包括在课程中添加相关模块,也包括鼓励学生在实际项目中应用这些技术。此外,设计教育也应鼓励学生探索跨学科项目,以促进创新思维和技能的发展。

随着人工智能技术的不断发展,设计师与 AI 的协作将成为常态。这种协作不仅包括 AI 作为设计工具的应用,还包括 AI 在设计过程中提供的数据分析和见解。未来的设计师将能够利用 AI 来提高设计的效率、质量和创新性。

设计师与人工智能的协作模式在不断演变和优化,旨在充分发挥双方的优势,提高个性化定制产品设计的效率、质量和创新性。在这一过程中,设计师的角色也在发生深刻的变化,需要不断适应新的技术环境和市场需求。深入研究和探讨这些协作模式,有助于我们更好地理解人工智能技术在个性化定制产品设计中的挑战与前景,为未来的研究和实践提供有益的启示和参考。

二、人工智能辅助设计师的能力提升

随着人工智能技术在个性化定制产品设计领域的广泛应用,设计师面临着在各个方面提升能力的压力。人工智能技术不仅可以帮助设计师提高工作效率,还可以在很大程度上提升设计师的创新能力、解决问题的能力以及跨界合作的能力。

(一)创新能力

在个性化定制产品设计中,创新能力是设计师的核心竞争力。人工智能技术通过大数据分析、模式识别、深度学习等方法，在挖掘用户需求和市场趋势方面发挥着重要作用。这些技术能够从海量数据中提取有价值的信息，为设计师提供准确的市场洞察和用户偏好。例如，深度学习可以分析用户行为数据，揭示用户的潜在需求和喜好，从而指导设计师进行更有针对性的产品设计。人工智能不仅是数据分析的工具，更是创新素材和灵感的宝库。AI 系统能够分析过去的设计案例和当前的设计趋势，从而给设计师提供大量的创意灵感和设计参考。这些参考材料不限于传统设计元素，还包括新兴技术和材料的应用，极大地拓展了设计师的创新空间。在产品设计的迭代过程中，快速验证设计想法的能力至关重要。人工智能技术能够快速模拟和评估设计方案的可行性，帮助设计师在初步构思阶段就进行有效的筛选和调整。这种快速迭代过程不仅节省了时间和资源，也增加了设计方案的创新性和实用性。

通过与人工智能的协作，设计师能够更好地发挥其创新能力，从而提高设计质量和市场竞争力。人工智能提供的数据驱动的洞察，使得设计方案更加贴合市场需求和用户期望，从而增强产品的市场吸引力和用户体验。在这个过程中，设计师与人工智能系统形成了一种互动和互补的关系。设计师依靠自己的直觉和经验进行创意构思，而人工智能则提供数据支持和技术实现。这种协作模式不仅促进了设计师创新思维的发展，也使得设计方案更加科学和合理。

（二）解决问题的能力

个性化定制产品设计过程中，设计师需要解决各种复杂的设计问题，例如功能性、美观性、可行性等。人工智能技术可以通过对海量设计案例的分析和学习，帮助设计师快速找到合适的解决方案，提高解决问题的能力。此外，人工智能技术还可以辅助设计师进行多方案比较和评估，从而为设计决策提供科学依据。

在个性化定制产品设计领域，设计师面临的一个关键挑战是如何解决涉及功能性、美观性和可行性的复杂设计问题。这些挑战对产品的最终品质和用户满意度产生显著影响。近年来，人工智能（AI）技术的应用已成为解决这些问题的重要途径。

人工智能技术通过分析海量设计案例和数据，为设计师提供了强大的支持,以快速找到合适的解决方案。AI 系统能够识别和学习过去设计中的成功模式和失败经验,从而帮助设计师避免常见的设计陷阱,同时激发新的创意思路。

此外,AI 技术在多方案比较和评估方面也显示出其独特优势。利用高级数据分析和机器学习技术,AI 可以高效地比较不同设计方案的优缺点,提供基于数据的评估结果。这种能力对于设计师来说极其宝贵,因为它可以大幅减少决策时间,提高设计决策的科学性和合理性。AI 技术在提高设计师解决问题能力方面的作用不容忽视。通过与 AI 的协作,设计师不仅可以加快设计流程,还能提高设计方案的创新性。AI 的分析和建议有助于设计师从不同角度看待问题,从而找到更加创新和实用的解决方案。AI 与设计师的协作已经成为现代设计领域的一大趋势。设计师通过与 AI 系统的互动学习,能够更好地应对设计中的复杂问题。这种协作模式不仅提高了设计效率,还提升了设计的整体性能和品质。

总结来说,人工智能技术在个性化定制产品设计中的应用,极大地增强了设计师在解决复杂问题方面的能力。随着 AI 技术的不断进步和发展,其在设计领域的应用前景将更加广阔,对未来的设计实践和教育将产生深远的影响。设计师需要不断学习和适应这些新技术,以保持在竞争日益激烈的市场中的领先地位。

(三)数据驱动的设计决策

在现代产品设计领域,数据驱动的设计决策正在成为一个重要的趋势。随着大数据技术的快速发展,设计师们越来越多地依赖于数据来指导他们的设计过程。这种趋势的核心在于利用人工智能(AI)技术对海量数据进行有效的挖掘、分析和应用,从而为设计提供有力的决策支持。人工智能在数据分析中的应用已经证明了其在处理大量复杂数据中的有效性。AI 技术,特别是机器学习和深度学习算法,能够从用户行为、市场趋势和竞争对手动态等多个维度提取关键信息。这些信息对于设计师来说是非常宝贵的,因为它们能够帮助设计师更深入地理解市场和用户需求,从而制定出更具针对性和创新性的设计策略。

利用数据分析来理解用户需求和市场趋势对于设计师来说是至关重要的。通过分析用户的在线行为、购买习惯和反馈,设计师可以捕捉到用户的真实需求和偏好。同时,对市场趋势的分析可以帮助设计师把握行业发展的方向,预测未来的市场需求。这样的深入洞察不仅能够指导设计师制订更加切合市场和用户需求的设计方案,还能够帮助他们在竞争激烈的市场中获得优势。

除了理解市场和用户之外,数据驱动的设计决策还在资源分配和成本控制方面发挥着重要作用。设计项目通常涉及多种资源的分配,包括时间、人力和材料等。有效的数据分析可以帮助设计师更合理地分配这些资源,确保设计项目的成本效益最大化。此外,通过数据分析,设计师可以更准确地评估设计方案的可行性和成本,从而在保证质量的同时控制成本。

在风险管理和决策制定方面,数据驱动的方法也显示出其重要性。设计过程中充满了不确定性和变数,通过对历史数据和当前市场数据的分析,设计师可以更准确地预测可能的风险,并采取相应的措施来降低这些风险。此外,数据驱动的决策制定能够基于实际数据和模式,为设计师提供更科学、更客观的决策依据。

数据驱动的设计决策正在成为现代产品设计的一个关键趋势。随着人工智能技术的不断发展和完善,设计师们能够更加深入和准确地分析数据,从而更好地理解市场和用户,制订出更具创新性和针对性的设计方案。这不仅能够提升设计质量,还能够增强产品在市场上的竞争力。因此,设计师们需要不断地学习和适应这些新兴的数据分析技术,以便在快速变化的市场环境中保持竞争力。

(四)跨界合作能力

在个性化定制产品设计领域,设计师需要与不同领域的专家进行跨界合作,跨界合作的重要性日益凸显。通过与人工智能系统的协同工作,设计师可以更好地协调跨领域资源,实现优化的设计方案。设计师在这个过程中不仅仅是创意的发起者,更是多领域知识和技术的整合者。随着人工智能技术的发展,设计师现在能够更有效地与工程师、市场专家、生产人员等不同领域的专家进行合作,从而提高整体设计的效率和质量。人工智能在促进跨界合作中扮演着至关重要的角色。通过深度学习、数据分析等技术,人工智能系统能够帮助设计师快速理解和应用来自不同领域的知识。例如,在与工程师合作时,AI可以通过算法模型快速分析和预测某一设计方案的结构稳定性和功能实现性，帮助设计师做出更科学的决策。

此外，人工智能技术也在优化协同工作流程中发挥着重要作用。利用AI辅助的通信和协调工具，设计师能够更高效地与团队成员进行交流和讨论，从而确保设计思路和方案能够迅速得到共识和实施。这种优化的协同工作方式不仅提高了设计的效率，也提升了设计质量。更引人注目的是人工智能在跨界知识整合和创新方面的潜力。AI技术能够从大量的数据中提取有价值的信息，为设计师提供丰富的灵感来源。同时，AI还可以协助设计师进行快速的方案迭代和优化，使得设计过程更加灵活和高效。在个性化定制产品设计中，这种跨界合作模式开启了更多的可能性。设计师可以根据市场需求和用户偏好，迅速调整设计方案，从而满足个性化的需求。人工智能的辅助不局限于设计阶段，还涵盖了市场研究、用户体验、生产流程等多个方面，形成一个全方位的设计和生产生态系统。

未来，随着人工智能技术的持续发展，我们可以预见跨界合作在设计领域将会发挥更加重要的作用。设计师将能够利用更加强大的AI工具，进行更加深入和广泛的跨界合作，不断推动个性化定制产品设计的创新和发展。

（五）学习能力

在面对不断变化的市场和技术环境时，设计师需要不断学习和更新知识，以保持竞争力。不断更新知识和技能不仅是保持个人竞争力的关键，也是适应设计行业持续发展的必要条件。在这个背景下，人工智能（AI）技术为设计师提供了强大的支持，尤其是在提升学习效率和实现定制化学习方面。AI技术通过提供智能化的学习工具和资源，显著提高了设计师获取新知识和技能的效率。在线教育平台和智能推荐系统能够根据设计师的个人需求和兴趣，提供定制化的学习内容。此外，虚拟实境（VR）技术等创新手段为设计师提供了沉浸式学习体验，使学习过程更加直观、互动性更强。AI的另一个关键应用是促进知识的共享和传播。通过各种在线平台和社交媒体工具，设计师可以轻松地访问和分享最新的设计趋势、技术更新和创意灵感。这种知识共享不仅加强了设计社区的联系，也推动了设计领域知识的创新和发展。

人工智能技术在个性化定制产品设计中的应用为设计师的能力提升带

来了前所未有的机遇和挑战。设计师需要在不断学习和实践中，逐步适应和掌握这些新技术，将人工智能与自身专业知识和经验相结合，实现个性化定制产品设计的创新与优化。同时，设计师也需要关注人工智能技术可能带来的伦理、社会和环境问题，积极参与有关讨论和研究，为个性化定制产品设计的可持续发展贡献智慧和力量。

三、设计师在AI时代的新伦理责任

（一）设计师在使用AI技术时的道德责任

AI技术的发展对设计师的伦理责任提出了新的挑战。设计师在使用AI技术时，不仅要考虑产品的功能性和美观性，还要考虑其可能对用户和社会造成的影响。这包括确保AI系统的决策过程透明、公正和可解释，以及在设计中考虑潜在的伦理风险，如对用户隐私的威胁或对特定群体的不公平待遇。

在当前技术迅速发展的时代，人工智能已成为个性化定制产品设计的关键工具。随着AI技术的深入应用，设计师在使用这些先进技术时面临着新的道德责任。这些责任不仅涉及产品的功能性和美观性，还包括其对用户和社会的潜在影响。

AI系统的决策过程必须保持透明和公正。设计师需要确保AI的决策逻辑对用户是可理解的，以建立用户对AI技术的信任。透明性不仅是提高用户体验的关键，也是确保AI系统公正、无偏见的基础。设计师在开发和应用AI时，必须考虑如何使这些系统对所有用户都是公平的，避免潜在的歧视问题。此外，设计师在使用AI技术时，必须考虑伦理风险，特别是在用户隐私和数据安全方面。随着越来越多的个人数据被用于AI驱动的设计，如何保护这些信息的安全和隐私成为一个重要问题。设计师需要在设计过程中采取相应的安全措施，确保用户数据的安全性和隐私性。

遵守行业伦理标准和指导原则是设计师在使用AI时的另一项重要责任。随着AI技术的不断发展，相关的伦理标准和指导原则也在不断进化。设计师需要通过持续的学习和专业发展，了解并遵循这些标准和原则。在所有这些考虑中，用户和社会福祉应始终是设计师的首要考虑。设计师需要在商业利益和社会责任之间找到平衡，确保他们的设计既能满足市场需求，又能对社会产生积极影响。为了更好地应对这些伦理挑战，建立一种有效的伦理审查和评估机制是必要的。这种机制可以帮助设计师在设计过程中识别和解决潜在的道德问题，确保设计工作符合最高的伦理标准。

未来，随着AI技术的不断进步，设计师在使用这些技术时的道德责任也将变得更加复杂和重要。设计师需要不断增强自己的伦理意识和责任感，以确保在不断变化的技术环境中能够做出合理和负责任的决策。通过这样做，设计师不仅能创造出高质量的产品，还能确保他们的工作对社会产生积极的影响。

（二）设计师在AI决策过程中的作用

在当前的个性化定制产品设计领域，人工智能技术正日益成为一个重要的驱动力。设计师们在这个背景下，不仅仅是设计的执行者，更是在AI决策过程中扮演着关键的角色。这一角色不限于传统意义上的创造和实现设计方案，还扩展到了维护用户权益和推动伦理设计的范畴。

首先，设计师需要积极参与到AI系统的设计和开发阶段。在这一阶段，设计师的作用超越了传统的设计职责，转变为对产品的伦理指导和用户体验的塑造者。通过参与AI系统的早期设计和开发，设计师能够确保产品从一开始就融入伦理考虑，比如尊重用户的自主权和隐私权。同时，这也为他们提供了一个机会来影响产品的最终形态，确保它不仅功能性强，而且在伦理上也是可持续的。此外，设计师在AI决策过程中还肩负着维护用户权益的责任。这包括保护用户信息不被滥用以及确保用户的偏好得到合理考虑。这一职责特别重要，因为AI系统往往涉及大量的用户数据，如果处理不当，可能会导致隐私泄露或其他形式的数据滥用。

推动伦理设计是设计师在AI决策过程中的另一个重要职责。设计师需要确保AI算法的公正性和透明性，以及在设计中考虑潜在的伦理风险。这需要设计师不仅对设计原理有深入的理解，还需要对AI技术有一定的认知，以便更好地在设计中融入伦理和责任感。作为AI系统的监督者，设计师还需要持续监督和评估AI系统的运行，确保其决策过程始终符合伦理标准。这种监督不仅包括设计完成后的产品评估，还包括在整个设计过程中对AI系统的持续监控。教育和培训对于设计师来说至关重要，尤其是在AI技术不断发展的今天。设计师需要通过不断学习新的技能和知识，更好地适应 AI 技术的发展,从而在 AI 决策过程中发挥更大的作用。

未来,设计师在 AI 决策过程中的影响将会不断扩大。随着 AI 技术的不断进步,设计师将需要适应和塑造技术的未来发展方向,确保设计工作既创新又符合伦理标准。

(三)在设计中平衡技术创新和伦理考虑

在 AI 时代,设计师面临着如何在技术创新和伦理考虑之间找到平衡的挑战。这要求设计师不仅要具备技术知识和创新能力,还要具备伦理意识和责任感。在设计过程中,应持续评估和反思 AI 技术的应用是否符合道德标准和社会价值观,同时考虑如何利用技术为社会带来积极的影响。

设计师在 AI 时代面临的主要挑战之一是如何在追求技术创新的同时,确保其设计符合伦理标准和社会价值观。这不仅要求设计师具备深厚的技术知识和创新能力,还需要具备强烈的伦理意识和社会责任感。设计师必须认识到,他们的设计决策不仅影响产品的功能和美观,还可能对用户和社会产生深远的影响。设计过程中的每一个决策都应伴随着对其伦理后果的深思熟虑。设计师需要不断评估和反思 AI 技术的应用,以确保其设计成果既能达到预期目标,又不违背伦理和社会规范。例如,当设计基于 AI 的用户界面时,设计师需考虑其对用户隐私的潜在影响,并在提供个性化体验与保护用户隐私之间寻求平衡。

设计师在利用 AI 技术时,应着眼于如何为社会带来积极影响。这包括通过设计促进包容性、可持续性和公正性。例如,在产品设计中融入可持续发展的理念,不仅能减少环境影响,还能激发新的市场需求和创新机遇。在 AI 时代,设计师不仅是创意的实现者,更是伦理和社会责任的守护者。他们在设计中的选择和决策能够影响 AI 技术的发展方向和社会接受度。因此,设计师应积极参与到 AI 系统的设计和开发过程中,确保其成果能够符合社会的伦理规范和价值观。

为应对 AI 时代的挑战,设计师需要通过教育和培训不断提升自己的技术和伦理知识。未来的设计教育应重视跨学科学习,不仅教授设计技能,还应包括伦理学、心理学和社会学等领域的知识,以培养设计师全面的视角和批判性思维能力。

随着人工智能技术的不断发展,设计师在保护用户隐私、防止算法偏见以及维护社会伦理方面的责任日益重大。设计师必须具备跨学科的知识和技能，以确保在创新的同时，能够在设计中嵌入伦理考虑，为创建一个更公正、更安全的数字世界贡献力量。

四、培养未来设计师的教育与培训策略

随着人工智能技术在个性化定制产品设计领域的广泛应用，未来设计师的培养面临着新的挑战。教育和培训机构需要调整课程设置和教学方法，以适应这一变革，培养具备创新能力和跨学科技能的设计师。

（一）课程设置

为了培养具备人工智能技术应用能力的设计师，教育机构需要调整课程设置，增加与人工智能相关的课程内容。具体课程设置可以包括以下几个方面：

(1)基础课程：培养设计师在人工智能技术领域的基本素养。课程内容包括计算机科学基础、数据结构和算法、编程语言和工具等。这些课程可以帮助设计师了解人工智能技术的基本原理和应用方法，为后续专业课程学习打下基础。

(2)专业课程：针对人工智能技术在设计领域的具体应用，开设专业课程。课程内容包括人工智能设计原理、智能设计工具和平台、计算机辅助设计(CAD)与建模、机器学习与深度学习在设计中的应用、虚拟现实与增强现实技术在设计中的应用等。这些课程可以帮助设计师深入了解人工智能技术在设计领域的具体应用，提高设计师的专业技能。

(3)跨学科课程：鼓励设计师跨学科学习，培养其跨界合作的能力。课程内容包括人工智能与人类行为、人工智能伦理、设计心理学、可持续发展与环保设计等。这些课程可以帮助设计师拓宽视野，更好地理解人工智能技术在各领域的影响，提高设计师的跨界合作能力。

（二）教学方法

为了提高未来设计师的实践能力和创新能力，教育机构需要采用新的教学方法。以下几种教学方法值得关注：

(1)项目导向学习：项目导向学习是一种以实践为中心的教学方法，鼓

励学生通过参与实际项目来学习理论知识和技能。教育机构可以与企业合作，为学生提供实际的设计项目，让学生在项目中应用人工智能技术解决实际问题。通过项目导向学习，学生可以在实践中提高自己的设计能力，培养创新精神和团队协作能力。

(2)案例教学法：案例教学法是一种通过分析具体案例来学习理论知识和技能的方法。教师可以选择与人工智能技术相关的设计案例，引导学生分析案例中的问题和挑战，并讨论如何运用人工智能技术来解决这些问题。通过案例教学法，学生可以更好地理解人工智能技术在设计领域的应用，并提高自己分析和解决问题的能力。

(3)在线混合学习：在线混合学习是一种将线上教学与线下教学相结合的教学模式。教育机构可以利用在线平台提供丰富的学习资源，包括视频教程、互动教学软件、设计工具等。学生可以根据自己的需求和兴趣选择在线课程进行学习。同时，教育机构还可以组织线下研讨会、工作坊等活动，以便学生进行面对面交流和实践操作。通过在线混合学习，学生可以更灵活地安排学习时间和进度，提高学习效果。

(4)翻转课堂：翻转课堂是一种颠覆传统课堂教学模式的教学方法。在翻转课堂中，学生需要在课前自主学习课程内容，课堂时间主要用于讨论、实践和解决问题。教师可以利用翻转课堂模式，将重点放在引导学生进行深入探讨、实践操作和创新设计上，从而提高学生的参与度和学习效果。

培养未来设计师需要教育和培训机构调整课程设置和教学方法，以适应人工智能技术在个性化定制产品设计领域的发展趋势。通过开设与人工智能技术相关的课程和采用创新的教学方法，教育机构可以培养具备创新能力、跨学科技能和实践能力的设计师，为未来个性化定制产品设计行业的发展做好人才储备。

(三)企业和学术界的合作

为了更好地培养未来设计师，教育机构和企业之间的合作至关重要。以下几个方面的合作可以提高设计师培养的效果：

(1)实习与实践机会：企业可以为学生提供实习和实践机会，让学生在实际工作环境中应用所学知识和技能，提高实践能力。此外，企业还可以向教育机构提供实际项目,让学生在项目中解决实际问题,锻炼自己的设计能力和团队协作能力。

(2)企业导师制度:企业可以为学生提供导师,指导学生在实习和实践过程中解决实际问题。导师可以为学生提供专业知识和经验,帮助学生更好地理解和应用人工智能技术。

(3)研究合作:教育机构和企业可以在人工智能技术和个性化定制产品设计领域展开研究合作,共同开发新的设计方法和技术。这种合作可以为学生提供研究机会,帮助学生提高自己的研究能力和创新能力。

(4)资源共享:企业可以向教育机构提供人工智能技术和设计工具的资源,帮助学生更好地学习和实践。同时,教育机构也可以向企业提供人才培养方面的专业知识和经验,为企业培养合适的人才。

通过以上探讨,我们可以发现,未来设计师的培养需要教育机构、企业和学术界共同努力。只有在课程设置、教学方法和合作方面进行创新,才能培养出适应未来个性化定制产品设计行业发展的优秀设计师。

五、人类与人工智能设计师的共生发展

随着人工智能技术在个性化定制产品设计领域的广泛应用,设计师角色的转变成为一个重要议题。在这个过程中,人类设计师与人工智能设计师共生发展的模式逐渐显现出来。

(一)共生发展的内涵

共生发展是指人类设计师与人工智能设计师在个性化定制产品设计领域相互依存、相互促进的发展模式。在当今个性化定制产品设计领域,共生发展模式已成为推动创新和提高效率的关键驱动力。这种模式涉及人类设计师与人工智能设计师的深度协作,其中各方均发挥其独特优势,共同促进设计领域的发展。人类设计师在共生发展模式中担当着至关重要的角色,他们不仅负责激发创意、制定策略,还要进行审美决策。人类设计师的主观判断和创新能力在设计过程中至关重要,特别是在理解复杂的用户需求和市场趋势时。此外,人类设计师在转化抽象概念为具体设计方案的过程中,展现出无可替代的创造力和灵活性。与此同时,人工智能设计师在数据处理、模型优化和快速迭代方面显示出卓越的能力。它们通过高效的数据分

析,能够从大量信息中提炼出有价值的见解,为人类设计师提供关键的数据支持。此外,人工智能在处理重复性较高、规模庞大的设计任务时表现出显著的高效率,从而大大加速了设计过程。

共生发展模式的最大特点在于双方的优势互补。人类设计师的创造性思维与人工智能的处理能力相结合,能够产生超越单一实体能力的创新解决方案。这种互补性不仅提高了设计的质量和效率,而且拓宽了设计的创新边界。共生发展模式对个性化定制产品设计领域的影响是深远的,它不仅提升了设计方案的质量和创新性,而且缩短了设计周期,降低了设计成本。这种模式的实施,使得个性化定制产品能够更快速地响应市场需求,更准确地满足用户期望。

展望未来,共生发展模式在产品设计领域的应用将更加广泛和深入。随着人工智能技术的不断进步,以及设计师对这些技术的应用能力的不断增强,我们可以预见这种模式将在提高设计创新性、响应市场变化以及满足用户个性化需求方面发挥更大的作用。

(二)共生发展的实现途径

1.互补优势

人类设计师和人工智能设计师在设计过程中发挥各自的优势,实现互补。人类设计师具有丰富的经验、敏锐的直觉和独特的审美,能够为设计带来创新和个性;而人工智能设计师通过大数据分析和深度学习等技术,为设计提供精确的数据支持和优化建议,提高设计效率。

2.协同工作

人类设计师与人工智能设计师在设计过程中形成良好的协同,彼此协作,共同完成设计任务。人类设计师可以为人工智能设计师提供初始设计方案和创意,而人工智能设计师则可以根据数据和模型对方案进行优化和调整。双方相互沟通、反馈,以达到最佳设计效果。

3.持续学习

人类设计师和人工智能设计师都需要不断地学习和提高。人类设计师需要学习人工智能技术和应用,增强自己在数据分析和技术应用方面的能力;人工智能设计师则需要通过不断训练和学习,提高自身的设计能力和适应性。

（三）共生发展面临的挑战

1.人工智能技术的发展速度

人工智能技术的快速发展使得人工智能设计师在某些方面已经超越了人类设计师。然而，过快的发展速度也可能导致人类设计师在某种程度上难以适应和跟上。因此，如何在保持技术创新的同时，确保人类设计师的角色和价值得到充分体现，是共生发展过程中需要解决的问题。

2.人机协作的难点

在人类设计师与人工智能设计师的协作过程中，如何更好地实现信息的传递与共享、保证双方的沟通与理解，是共生发展中需要解决的问题。此外，不同的设计项目可能需要不同程度的人工智能参与，如何灵活地调整人工智能设计师在设计过程中的角色和作用，也是一个关键挑战。

3.数据安全与隐私保护

在共生发展过程中，人类设计师与人工智能设计师需要共享大量的用户数据和设计信息。如何在确保数据安全的前提下，保护用户隐私和设计知识产权，是共生发展过程中亟待解决的问题。

4.法律法规与道德伦理

随着人工智能在个性化定制产品设计领域的深入应用，涉及的法律法规和道德伦理问题日益凸显。如何在创新发展的同时，遵循相关法律法规和道德伦理要求，维护公平竞争和社会公益，也是共生发展面临的挑战。

人类设计师与人工智能设计师的共生发展是个性化定制产品设计领域的重要趋势。通过互补优势、协同工作和持续学习，共生发展有望为个性化定制产品设计带来更高效、更创新的解决方案。然而，共生发展过程中仍然面临诸多挑战，如技术发展速度、人机协作难点、数据安全与隐私保护以及法律法规与道德伦理等。因此，各方需要共同努力，积极应对挑战，推动人类设计师与人工智能设计师的共生发展。

六、设计师职业发展与市场需求

随着人工智能技术在个性化定制产品设计领域的广泛应用，设计师所面临的市场需求和职业发展机会也在发生着变化。在这一过程中，设计师需要不断适应新技术的发展，提升自身能力，以便更好地应对市场挑战和把握发展机遇。

(一)市场需求的变化

在当今时代,个性化定制产品设计市场的需求正在经历一场前所未有的变革。这种变化不仅体现在市场需求的多样化和细分化上,更在于设计师如何与日益进步的人工智能技术协同合作,以应对这些变化带来的挑战。设计师们不再仅仅是传统意义上的创意工作者,他们正在变成跨学科的创新者,将设计、技术、数据科学等多方面知识融合在一起,以满足市场的复杂需求。市场的这种转变要求设计师具备丰富的设计经验和专业技能,以及对新兴技术的深入理解。在个性化定制产品设计中,设计师不仅需要运用创造力和审美能力,还需要熟练运用人工智能技术,如数据分析、模式识别和深度学习,以提升设计的效率和精确性。人工智能在设计过程中的应用,如自动化的设计草图生成、用户需求的预测分析以及市场趋势的洞察,为设计师提供了前所未有的工作效率和创新空间。

同时,市场对具备跨学科知识的设计师的需求愈发强烈。例如,那些对人工智能、大数据、物联网等领域有所了解的设计师,能够更好地把握市场脉搏,预测用户需求的变化,从而开发出更符合市场需求的个性化产品。这种跨学科的知识不仅增强了设计师的市场竞争力,而且也为他们在职业发展上带来了更多可能性。为了应对这一变革,设计教育和职业培训体系也在不断适应市场的变化。设计教育正在从单一的美学教育转变为更加重视技术和数据科学知识的综合性教育。这种转变不仅有助于培养未来的设计师,满足市场的需求,也为设计领域带来了新的创新思路和方法。

展望未来,个性化定制产品设计市场无疑将继续朝着技术驱动和创新驱动的方向发展。设计师们将面临不断学习新技术、适应市场变化的挑战,同时也拥有利用人工智能技术创造更加个性化、高效和有创意的设计作品的巨大机遇。在这个过程中,设计师与人工智能系统的协同合作将是推动个性化定制产品设计不断向前发展的关键因素。

(二)职业发展路径

随着人工智能技术在产品设计中的广泛应用,设计师需要提升自身的技术能力以适应这一趋势。设计师在人工智能领域的专业发展需要他们掌握机器学习、数据分析等技能。这不仅包括对AI技术的理解，还包括如何将这些技术融入设计过程。通过掌握这些技能，设计师能够更有效地与AI系统协作，从而提高设计的创新性和效率。

设计师还可以选择深入研究特定的设计领域，如环境设计、数字媒体或用户体验设计，成为该领域的专家。这种深化的专业知识使设计师能够提供更精细化的定制服务，满足特定市场的需求。在这个过程中，设计师需要不断更新知识库，跟进最新的行业趋势和技术发展。在个性化定制产品设计中，跨学科合作日益重要。设计师需要与工程师、市场专家、用户体验专家等进行有效沟通和协作。这种跨界合作不仅能够促进知识的交流和融合，还能激发新的创意和解决方案。因此，设计师需要发展跨学科沟通能力，并能够灵活地运用不同领域的知识来解决设计问题。

在快速变化的市场环境中，持续学习成为设计师职业发展的关键。设计师需要定期更新自己的知识和技能，以保持与时俱进。这包括掌握最新的设计工具、技术趋势以及市场动态。在线教育平台和专业研讨会成为设计师继续教育的重要渠道。参与创新项目或独立开发产品是设计师职业发展的另一重要途径。通过这些项目，设计师不仅能够展示自己的创新能力，还能增强个人品牌，吸引潜在客户和合作伙伴。独立项目的开发也为设计师提供了实践新思想和技术的机会。

随着职业发展，设计师可能需要在团队中担任领导角色。这要求设计师具备优秀的管理能力和团队协作能力。有效的团队管理不仅能够提高工作效率，还能促进团队成员之间的创意交流。在竞争激烈的市场中，建立个人品牌对设计师来说非常重要。这包括确定自己的设计风格、专业领域和目标市场。通过网络平台、社交媒体和专业展会，设计师可以有效地推广自己的品牌，吸引更广泛的关注。

设计思维作为一种解决问题的方法论，在设计领域尤为重要。设计师需要不断锻炼自己的创新思维，探索新的设计方法和概念。这种不断的探索和实验是推动个性化定制产品设计发展的重要动力。

（三）终身学习与能力提升

对于设计师而言，终身学习的重要性不言而喻。这不仅意味着跟上行业的最新动态和技术发展趋势，更包括对新设计理念、方法和工具的掌握。

随着人工智能、大数据、物联网等技术的兴起，设计师需要不断学习以理解这些新技术如何融入传统设计过程，以创造出更具吸引力和功能性的产品。在个性化定制产品设计领域，不断地更新知识库是至关重要的。设计师需要掌握新的设计理念，如可持续设计、用户体验设计等，并能熟练运用各种现代设计工具。例如，掌握3D建模软件和虚拟现实技术可以帮助设计师更直观地呈现和测试设计理念。

人工智能在个性化定制产品设计中扮演着日益重要的角色。设计师需要理解如何将人工智能技术应用于设计流程，从数据分析到原型测试。例如，通过利用机器学习算法，设计师可以更有效地分析消费者数据，从而创造出更符合市场需求的产品。跨学科知识的融合是当代设计师的另一重要技能。了解工程学、市场营销、心理学等领域的知识对于创建符合市场需求和用户期望的设计至关重要。例如，对用户行为的深入理解有助于设计师创建更具吸引力和实用性的产品。

将理论知识与实践经验相结合，是设计师职业发展的关键。通过参与不同的项目，设计师可以将新学的理论知识应用于实际工作中，这不仅能提升设计技能，还能增强解决复杂问题的能力。设计师需要灵活应对市场的快速变化，这要求他们不仅要了解当前的市场趋势，还要预见未来的发展方向。通过持续的学习和实践，设计师可以更快地适应新的市场需求，把握新的设计机会。

随着技术的发展和市场的变化，设计师面临着新的职业发展机会。他们可以通过学习新技能和知识，拓展自己的职业道路，例如从传统的产品设计转向用户体验设计或数字产品设计。

（四）产业链协同与创新

在人工智能技术的推动下，个性化定制产品设计领域的产业链正在发生变革。设计师与上下游企业建立的合作关系变得尤为重要。这种合作关系促进了整个产业链的协同与创新，为设计师提供了更广泛的资源和更深入的市场洞察。通过这些合作，设计师能够更好地理解市场需求和技术发展趋势，从而推动设计方案的创新和多样化。

人工智能技术在优化设计方案和提高生产效率方面扮演着关键角色。设计师与合作伙伴共同利用人工智能技术，不仅能够提升设计方案的质量，还能够缩短产品从概念到市场的时间。人工智能的应用从数据分析到模型优化,为设计师提供了前所未有的工具,以创造出符合市场需求的创新产品。产业链的协同合作也关注于降低设计和生产过程中的环境成本,推动可持续发展。设计师在这一过程中需要考虑到材料的选择、生产过程的优化以及产品的生命周期。这种环境意识的融入,不仅符合当代社会的可持续发展目标,也为企业提供了符合环境责任要求的产品设计方案。

通过产业链的紧密合作,设计师能够探索新的业务领域和市场机遇。这种探索不仅包括现有市场的扩展,还包括新市场的开发和新需求的挖掘。在这一过程中,设计师能够利用其创新能力和跨学科知识,为市场带来新的产品和服务。人工智能技术在整个产业链中的应用为设计创新提供了强大的动力。人工智能技术在提高产业链各环节的效率和协作水平方面发挥着重要作用。从原材料的选择到生产过程的自动化,再到市场营销的策略,人工智能技术都起到了关键作用。

产业链的协同合作促进了整体的创新,包括新产品的开发和生产流程的改进。设计师在这一过程中发挥着关键的作用,他们的创新思维和专业知识对于推动整个产业链的创新至关重要。

(五)跨界合作与创新

在人工智能技术的影响下,个性化定制产品设计领域的发展需要跨界合作与创新。设计师应当主动寻求与其他领域的专家合作,共同研究和探讨新的设计理念、方法和技术。设计师与心理学、社会学、经济学等领域专家的合作,为设计带来了前所未有的深度和广度。这种合作不仅拓宽了设计师的视野,还使他们能够更深入地理解和预测用户需求的变化。通过这些跨学科的合作,设计师可以更全面地理解用户的行为、偏好和心理背景,从而创造出更加贴合用户需求的产品。在这个过程中,人工智能技术起着至关重要的作用。人工智能技术,尤其是在分析用户行为和提高设计精确度方面,为设计师提供了强有力的工具。利用人工智能进行数据分析和模式识别,设计师可以从大量用户数据中提取有价值的见解,这些见解有助于优化设计方案,使之更加符合市场趋势和用户期望。

在个性化定制产品设计中,跨界合作和人工智能技术的结合使设计师能够采用更加科学和系统的方法来制定设计策略。这种策略不仅可以提高产品设计的质量，还可以增加市场的满足度。例如，设计师可以结合心理学的原理和人工智能的深度学习技术，创造出既吸引人又实用的产品设计。跨界合作还可激发设计领域的创新思维。设计师在这种合作模式下能够结合不同领域的知识和技术，发掘新的设计理念和方法。这不仅增强了设计师的创造力，还促进了专业知识的提升和创新能力的增强。

为了适应设计领域的这种快速发展，设计师需要不断学习和实践。他们必须不断更新自己的知识库，学习新的设计工具和方法，同时与不同领域的专家进行交流和合作。通过这种持续的学习和适应，设计师可以保持其在市场中的竞争力。

未来，随着人工智能技术应用和跨界合作的进一步深入，个性化定制产品设计领域将会迎来更多的发展机遇。设计师将在这个过程中扮演更加重要的角色，他们不仅是创意的提供者，更是连接不同领域、引领创新的桥梁。这要求设计师不仅要具备专业的设计技能，还需要具备跨学科的沟通能力和团队协作能力，以便在未来的市场环境中取得成功。

（六）社会责任与伦理挑战

随着人工智能技术的应用，社会对个性化定制产品的需求正变得日益复杂和多样化。用户不再仅仅满足于功能性产品，而是寻求能够反映个人身份和品位的定制化产品。这种趋势要求设计师不仅要关注产品的实用性和美观性，还要考虑产品如何满足用户的个性化需求，以及如何通过设计表达用户的个人风格。

在当前的产品设计领域，人工智能技术的广泛应用带来了显著的创新和便利，同时也提出了新的伦理和社会责任挑战。这些挑战触及用户隐私保护、环境可持续性、商业伦理等多个方面，要求设计师不仅在技术上有所突破，还需在伦理和社会责任方面展现出更高的标准和敏感性。

用户数据的使用是现代产品设计不可或缺的一部分，尤其是在利用人工智能进行用户行为分析和市场研究时。设计师在使用这些数据时，必须遵守严格的隐私保护和数据安全原则，同时遵循相关法律法规。例如，欧盟的《通用数据保护条例》（GDPR）为用户数据的处理提供了明确的框架，强调了用户同意、数据最小化和透明性的重要性。

人工智能驱动的产品设计涉及许多伦理挑战，如用户数据的隐私保护、算法的公平性和透明度等。设计师在使用人工智能技术时,需要识别这些挑战,并积极寻求解决方案。例如,在使用用户数据时,设计师需要确保数据的安全和用户隐私得到保护,遵守相关法律法规。同时,设计师还需要确保算法的决策过程是公平和透明的,避免对特定群体的歧视。

随着全球对环境保护和可持续发展的关注日益增加,设计师在产品设计中也需要融入这些理念。这意味着在选择材料、设计产品生命周期和考虑生产过程中,都要考虑其对环境的影响。设计师需要寻找环保材料和技术,以及实现绿色生产的方式,以减少产品对环境的负面影响。

在设计过程中,保护用户的隐私和数据安全是至关重要的。设计师在收集和使用用户数据时,应遵循严格的安全措施和法律法规,比如使用加密技术保护数据安全,获取用户的明确同意等。同时,设计师还需要确保用户数据的使用符合伦理标准,比如不滥用用户数据、不侵犯用户隐私。

设计师需要遵循相关的法律法规,如数据安全法、消费者权益保护法等。这要求设计师不仅要关注技术创新,还要关注法律环境的变化,确保设计过程的合规性。同时,设计师还需要关注技术发展可能带来的新的法律挑战,比如算法歧视问题、人工智能的版权问题等。

在遵守伦理和法规的前提下,设计师应致力于为用户提供优质的定制服务。这包括理解用户的真实需求,提供符合用户期望的设计方案,以及在服务过程中保持高标准的客户服务。同时,设计师还需要考虑如何通过设计提升社会价值,比如通过可持续设计减少资源消耗,或通过科普教育提升公众的科学素养。

对设计师进行持续的伦理教育和培训是至关重要的。这包括在设计教育中增加伦理、法规和社会责任方面的内容,培养设计师的伦理意识和责任感。设计师需要不断更新自己的知识和技能,以适应快速变化的技术环境和社会环境。展望未来,设计师可能面临的新的伦理和社会挑战将更加复杂和多样化,比如如何平衡技术创新和社会责任、如何应对技术失控的风险等。设计师需要不断学习和适应,以应对这些挑战,并在新的技术环境下继续发挥自己的专业能力和创新精神。

在人工智能技术影响下,设计师在个性化定制产品设计领域所面临的市场需求和职业发展机会正在发生变化。设计师需要不断适应新技术的发展,提升自身能力,把握发展机遇,同时关注伦理挑战和社会责任。只有这样，设计师才能在人工智能时代更好地为社会创造价值，实现可持续的职业发展。

第二节　未来研究趋势与方向

一、人工智能技术在个性化定制产品设计中的应用拓展

在未来，随着人工智能技术的不断进步和创新，我们有理由相信其在个性化定制产品设计领域的应用将会得到更广泛的拓展。以下几个方面预示着人工智能技术在个性化定制产品设计中的应用拓展趋势。

（一）个性化定制产品设计的领域拓展

除传统的个性化定制产品设计领域（如家具、珠宝、服装等）之外，人工智能技术有望进一步渗透到其他领域，如家居设计、交通工具设计、医疗器械设计等。

在家居设计领域，人工智能的应用潜力无疑是巨大的。AI 技术可以帮助设计师根据用户的具体需求，为他们提供高度个性化的居住环境设计方案。例如，通过分析用户的生活习惯和偏好，AI 可以自动生成多种居住空间布局的选项，允许用户根据自己的喜好进行选择和定制。这不仅提高了设计效率，还确保了设计方案能够更加贴近用户的实际需求。在交通工具设计方面，人工智能同样扮演着关键角色。设计师可以利用 AI 技术分析用户的出行习惯，从而提供定制化的交通工具设计方案。这种方法特别适用于设计更符合用户特定需求的汽车内饰、自行车结构或者公共交通座椅布局。通过这种方式，设计师不仅能创造出功能性更强的产品，也能提高用户的整体出行体验。在医疗器械设计领域，个性化的需求日益凸显。人工智能技术可以帮助设计师为特定用户群体设计符合其特殊需求的医疗设备。例如，针对残疾人群设计的辅助设备，可以通过 AI 技术的应用，更精准地适应用户的具体状况和需求，从而提供更高的使用价值。

个性化定制产品设计的成功往往需要跨领域的合作。设计师与工程师、医学专家等不同领域的专家合作，有助于将创新理念和技术应用到设计

中。这种跨界合作不仅可以拓宽设计师的视野，还能为产品设计带来更多创新的灵感和可能性。为了在新领域中成功应用人工智能技术，设计师需要深入理解用户的需求、喜好和行为模式。通过数据分析和机器学习，AI可以帮助设计师更准确地捕捉这些信息，从而指导他们进行更符合用户需求的产品设计。随着人工智能技术的快速发展，设计师需要不断探索新技术的创新应用。例如，在虚拟现实和增强现实技术的帮助下，设计师可以创造出更加直观和互动性更强的设计方案，提高用户参与度和满意度。个性化定制产品设计需要设计师灵活地响应市场需求的变化，设计师必须不断更新自己的知识库和技能，以适应不断演变的市场环境，把握新的设计机会。

（二）从定制产品到定制服务的延伸

在当今快速发展的技术时代，人工智能（AI）的应用已经从传统的产品设计领域成功扩展到更广泛的定制服务设计领域。这一变革为设计师在理解和满足用户需求方面带来了前所未有的机遇。AI的集成不仅在提供个性化的产品设计，而且在创造定制服务方案中发挥着至关重要的作用。AI技术在优化个性化购物体验方面的表现尤为突出，它能够根据用户的购物习惯和偏好，提供个性化的购物建议和解决方案。这种应用不仅包括推荐合适的产品，还包括定制的购物服务，如个性化的购物指导和优惠策略，从而提升用户的整体购物体验。

在教育培训领域，AI同样显示出其强大的潜力。通过分析不同用户群体的学习需求，AI能够帮助设计师开发出更加个性化的教育培训方案。这不仅包括内容定制，也包括教学方法和学习路径的优化，从而提高教学效果和学习体验。健康管理计划的设计同样受益于AI的集成。设计师可以利用AI技术来分析用户的健康数据，为用户制订个性化的健康管理计划。这种计划不仅考虑到用户的特定健康需求，还包括预防措施和健康生活建议，从而提高用户的整体健康状况。

此外，AI在跨领域协作中的应用也非常重要。设计师可以与心理学家、教育专家、健康顾问等不同领域的专家合作，利用AI技术来开发综合性的定制服务方案。这种跨学科的合作不仅有助于提高服务方案的质量，还能为用户提供更全面的服务体验。持续创新和技术适应对于设计师来说至关重要。随着AI技术的不断进步，设计师需要不断学习和适应新技术，以保持其在定制服务设计领域的竞争力。这包括对新工具和方法的掌握，以及对市场需求和用户偏好的持续关注。

展望未来，AI在定制服务设计中的应用将继续扩展和深化。设计师将面临如何更好地利用这些技术来满足用户的个性化需求，并在新的服务领域中寻找机遇的挑战。随着AI技术的不断发展，设计师将能够更有效地创造出既满足用户需求又具有创新性的定制服务方案。

（三）多样化的人工智能技术应用

未来，各种人工智能技术（如深度学习、自然语言处理、计算机视觉等）有望在个性化定制产品设计领域得到更广泛的应用。这些技术将帮助设计师更好地理解用户需求，提高设计的质量和效率。

深度学习技术，作为人工智能的一个重要分支，正在变革个性化定制产品设计领域。它的核心优势在于能够处理和解析复杂的用户数据，从而深入理解用户的需求和行为模式。利用深度学习，设计师能够更准确地预测用户偏好，提升设计方案的个性化程度和满足度。这种技术在分析用户行为和反馈时显示出其无与伦比的效率和准确性，从而为设计师提供了一个强大的工具，以创造更符合用户期望的产品。

自然语言处理（NLP）在个性化定制产品设计中的应用主要体现在处理用户反馈和优化用户交互体验上。通过NLP，设计师能够有效地解析和理解用户的语言和文字反馈，从而更精确地捕捉用户的设计意图和需求。这种技术的应用不仅提升了用户体验，还提高了设计师在概念化和迭代设计方案过程中的效率.

计算机视觉技术在个性化服装设计中的应用极大地拓宽了设计师的工作范围。利用这项技术，设计师可以快速准确地分析用户对颜色、图案、款式的偏好。这不仅加快了设计过程，还确保了设计方案更贴近用户的审美需求。计算机视觉技术在识别和解释用户偏好方面的高效性，使得个性化定制设计在服装行业中变得更加精细和普及。人工智能技术在提高设计质量和效率方面扮演着关键角色。通过AI，设计流程得以简化，同时保持或提高了设计方案的质量。AI技术能够帮助设计师快速生成多种设计方案，并进行高效的筛选和优化，从而显著减少了设计的迭代时间和成本。人工智能技术的一个显著优势是其能够精确捕捉并适应用户的个人偏好。这种技术的应用不仅在于审美元素如风格和色彩，还扩展到材质和功能性方面。AI 系统通过分析用户历史数据和行为模式，能够提供个性化的设计建议，从而提升用户满意度和产品的市场适应性。

人工智能技术在未来的产品设计领域充满了无限可能性。随着技术的不断进步，我们可以预见到 AI 在设计过程中的作用将进一步增强。然而，这也带来了挑战，特别是在技术应用的道德、隐私和可解释性方面。设计师需要不断学习新的技术，并思考如何在保持创新的同时，处理这些挑战。跨技术协作是未来个性化定制产品设计的关键。设计师需要掌握如何将不同的人工智能技术(如深度学习、NLP、计算机视觉)结合使用，以创造更创新、更有效的设计方案。这种跨技术的融合不仅能提升设计方案的创新性，还能打开设计领域的新局面。在这个快速变化的时代，设计师需要持续学习和适应新兴的 AI 技术。通过持续的学习和实践，设计师可以保持其在市场中的竞争力，同时把握住利用新技术创造出更具吸引力的产品设计的机会。

(四)人工智能与其他先进技术的融合

在未来，人工智能技术将与其他先进技术(如物联网、大数据、区块链等)深度融合，共同推动个性化定制产品设计领域的发展。物联网技术正在彻底改变个性化定制产品的设计过程。通过实时收集用户使用产品的数据，设计师能够获取宝贵的见解，从而为用户提供更加精准的定制建议。例如，智能家居设备可以记录用户的生活习惯和偏好，为家具和室内设计师提供实时反馈，以便创建更适应用户需求的生活空间。大数据技术的应用为设计师提供了一个强大的工具来分析和理解用户的行为和偏好。通过分析社交媒体等数字平台上的用户数据，设计师可以捕捉到最新的市场趋势和用户喜好，从而为他们提供更加贴合的产品设计方案。随着用户数据的日益重要，区块链技术在确保数据安全和隐私方面发挥着至关重要的作用。它为用户提供了一个安全、透明的平台，以保护他们的个人信息。这对于提升用户对个性化定制服务的信任度至关重要。

不同的先进技术之间的协作为个性化定制产品设计带来了革命性的变化。AI、物联网、大数据和区块链等技术的深度融合不仅加快了设计过程，而且提高了设计的质量和创新性。技术融合的一个主要优势是提升了定制化服务的水平。设计师现在能够提供更加细致和个性化的服务，这些服务不限于产品本身,还包括整个用户体验。

数据驱动的设计决策正在成为个性化定制产品设计的一个重要趋势。利用融合技术进行的深入数据分析和解释,为设计决策提供了坚实的依据,从而提高了设计的准确性和用户满意度。在不断变化的技术环境中,设计师需要持续学习和适应新兴技术,这不仅是为了保持与时俱进,更是为了在激烈的市场竞争中保持领先地位。

(五)更加智能化的设计工具和平台

随着技术的进步,设计工具变得更加智能化,能够提供更多资源和灵感。这些工具将利用人工智能技术来理解复杂的设计问题,并提供创新的解决方案。例如,AI 驱动的设计平台能够根据设计师的输入生成多种设计方案,从而激发设计师的创造力。智能设计工具可以帮助设计师更高效地工作,同时提高设计质量。通过自动化常规任务和简化设计流程,这些工具能够让设计师专注于创新和创意方面的工作。AI 辅助的迭代过程可以加速从概念到成品的转化。智能设计平台能够提供更便捷和个性化的定制体验。通过分析用户数据,这些平台可以预测用户喜好并提供定制化的设计建议,从而降低用户定制产品的门槛,并提高用户满意度。智能设计工具促进了设计师与用户之间的互动,用户反馈可以通过这些平台更有效地整合到设计过程中,帮助设计师更好地理解用户需求,从而创造更符合用户期望的产品。

智能设计工具通过分析大量数据来驱动设计决策,使设计过程更加精确和个性化。这些工具可以分析用户行为、市场趋势,甚至社会信号,为设计提供实时的、数据驱动的洞察。随着市场需求的不断变化,智能设计平台能够迅速适应这些变化,并为设计师提供相应的工具和资源。这些平台通过实时更新数据和趋势,帮助设计师保持与市场同步。人工智能和其他技术的进步为设计师提供了新的工具和方法。从深度学习到增强现实,这些技术不仅改变了设计的过程,也拓展了设计的可能性。设计教育和培训需要适应这些新工具和平台。设计师必须不断学习新技术,以提升其技能和创造力。教育机构需要更新课程内容,包括人工智能、数据分析和新媒体技术,以为学生面对这一不断变化的领域做准备。

二、多学科交叉与融合的研究方向

随着人工智能技术在个性化定制产品设计领域的不断拓展，未来研究将越来越多地涉及多学科交叉与融合。设计、工程和数据科学之间的协作尤其重要，它们通过共享专业知识和资源，推动了新技术的探索和创新应用的开发。这种跨学科的研究将有助于解决个性化定制产品设计过程中的复杂问题，推动该领域的发展。

（一）代表性的跨学科研究方向

1.计算机科学与设计学

计算机科学与设计学的交叉将是个性化定制产品设计领域的核心。人工智能技术的发展将为设计师提供更多的智能化设计工具和平台，提高设计效率和质量。同时，设计学的理论和方法也将对计算机科学产生反哺作用，推动计算机科学领域在理论和技术层面的创新。

计算机科学与设计学的交汇点在于它们共同的目标——创造具有用户价值和社会意义的解决方案。计算机科学提供了强大的技术支持，使得复杂的设计任务变得可行，而设计学则提供了深刻的用户洞察和创新方法。这一融合正在改变传统的设计流程，让设计师能够利用先进的算法和数据分析工具，更精确地理解和满足用户需求。人工智能技术的应用是计算机科学与设计学融合的显著表现。AI 技术，如机器学习和深度学习，已经成为设计师的重要工具。通过 AI，设计师可以处理和分析大量数据，从而洞察用户行为，预测市场趋势，并据此创造出更具吸引力的产品设计。此外，AI 技术还能帮助自动化设计流程中的某些环节，提高设计效率。

设计学不仅是计算机科学的应用领域，同时也为计算机科学提供了丰富的理论和方法学启发。例如，在用户界面设计和用户体验设计领域，设计原则和方法正影响着软件和系统的开发。通过理解设计学中的用户中心理念和创新过程，计算机科学家能够开发出更符合人类需求和行为模式的技术解决方案。智能化设计工具和平台是计算机科学与设计学融合的具体体现。这些工具和平台利用 AI 技术提供高级的数据分析、模型预测和可视化功能，使设计师能够更轻松地创建、修改和优化设计。它们不仅提高了设计的质量和效率，还为设计师提供了探索创新解决方案的可能性。

展望未来，计算机科学与设计学的融合将继续深化，为个性化定制产品设计带来更多创新。设计师需要不断学习新的技术，以适应这一变化。同时，这种融合也带来了新的挑战，如如何保持设计的人性化、如何确保技术的伦理性等。因此，未来的设计教育和实践中需要强调跨学科学习和伦理考量，以培养能够在这一变革中引领潮流的设计师。

2. 心理学与行为科学

用户需求是个性化定制产品设计的出发点和归宿。因此，理解用户需求的心理学和行为科学研究将对该领域产生重要影响。研究者可以运用心理学和行为科学的方法和技术，深入挖掘用户的个性化需求，为设计师提供更有针对性的设计建议。

心理学提供了一个框架来理解用户的行为和决策过程。通过心理学的理论和方法，设计师能够深入探究用户的动机、偏好和情感状态。这种深度理解使设计师能够预测用户的反应，并据此设计出更符合用户期望的产品。例如，应用色彩心理学可以帮助设计师选择能够激发特定情感反应的色彩方案。

行为科学的技术，如行为模式分析和用户研究，为设计师提供了工具来观察和分析用户行为。这些技术能够揭示用户在特定情境下的行为趋势，帮助设计师更好地理解用户的实际使用情况。通过这种分析，设计师可以识别出设计中可能存在的问题，从而进行相应的改进。

心理学和行为科学的结合使设计师能够不仅仅关注用户明确表达的需求，还能探索那些隐性的、未被直接表达出来的需求。通过深度访谈、观察研究等方法，设计师可以捕捉到用户可能未能清楚表达的需求和偏好，从而在设计中提供更加个性化的解决方案。将心理学和行为科学的研究结果转化为实际的设计建议，是将这些学科知识应用于产品设计的关键步骤。设计师需要将理论知识与设计实践相结合，根据用户研究的发现来调整设计方案，确保最终产品能够满足用户的实际需求和期望。

随着个性化需求的不断增长和用户期望的日益多样化，心理学与行为科学在个性化定制产品设计中的作用将变得更加显著。设计师面临的挑战在于如何有效地将这些学科的研究成果转化为设计实践，同时保持设计的灵活性和创新性。此外，还需要考虑如何在尊重用户隐私的同时进行深入的用户研究。

3.材料科学与工程学

材料科学与工程学是个性化定制产品设计的基础。随着新材料技术的发展,未来将诞生更多具有创新性和可持续性的定制产品。此外,新材料技术还将为设计师提供更多的设计灵感和可能性,推动个性化定制产品设计领域的创新。

新材料技术的进步正在开创定制产品设计的新纪元。材料科学不仅为设计师提供了更广泛的选择,还引入了具有更高性能、更可持续的材料选项。这些新材料,如智能材料、生物基材料等,提供了改善产品性能和提升用户体验的新途径。材料创新允许设计师探索更多前所未有的设计方案。例如,智能材料的应用可以使产品对环境变化做出响应,如温度变化或光照条件的改变。这种材料的动态特性为设计师在产品功能和美观方面提供了新的创意空间。可持续性是当代材料科学的一个重要方向,设计师利用可再生和可降解的材料,不仅可以减少对环境的影响,还可以满足日益增长的消费者需求。这种对环保的关注催生了更多以环境友好为核心的产品设计。材料科学与工程学的跨学科特性为设计师和工程师之间的合作提供了平台。这种跨学科合作有助于更有效地将新材料技术应用于实际产品,从而创造出既实用又具有美学价值的定制产品。

新材料技术的应用同时带来了挑战和机遇。设计师需要不断学习和适应新材料的特性和加工技术。同时,这些新材料提供了无限的创意空间和市场机遇,使设计师能够创造出独特且具有吸引力的产品。

未来,我们可以预见材料科学与工程学将继续在个性化定制产品设计领域发挥关键作用。随着新材料技术的不断进步,设计师将有机会创造出更加创新、可持续和个性化的产品。这不仅将推动设计领域的进步,也将为消费者提供更多选择和更好的使用体验。

4.生物学与生物信息学

生物学与生物信息学的交叉将为个性化定制产品设计提供新的视角和思路。例如,基因组学、蛋白质组学等生物学领域的研究成果可以为设计师提供关于用户生理特征和健康需求的深入了解,进而指导个性化定制产品设计。生物信息学技术则可以帮助设计师分析和挖掘这些生物学数据,为用户提供更精准的定制建议。

生物学,特别是基因组学和蛋白质组学等领域,正在变革设计师对用户的理解方式。通过分析用户的生物学数据,设计师可以获得关于用户生理特征、健康状况以及可能的需求的深入洞察。这种信息对于设计与健康、舒适度密切相关的产品尤为重要。生物信息学技术的发展为处理和解释复杂的生物学数据提供了可能。设计师可以利用这些技术分析用户的生物学数据,从而为他们提供更加个性化、精准的设计方案。这种数据驱动的方法可以显著提高设计的适应性和满意度。生物学数据的集成为将健康因素纳入设计提供了新的机会。设计师可以根据用户的具体生理和健康需求,设计出更适合其个人特性的产品,如根据体型定制的服装、根据生理反应优化的健身设备等。

尽管生物学和生物信息学在个性化定制产品设计中提供了新的视角,但同时也带来了挑战。这包括如何有效处理和保护敏感的生物学数据,以及如何确保这些数据的使用符合伦理和法律规范。

展望未来,生物学与生物信息学在个性化定制产品设计中的应用预计将继续增长。随着相关技术的进步和数据处理能力的提高,设计师将能够更深入地利用这些数据,为用户提供更加精细化、个性化的产品设计。

5.社会学与伦理学

随着人工智能技术在个性化定制产品设计领域的应用拓展,社会需求将不断发展和变化,社会学和伦理学的研究将对个性化定制产品设计产生重要影响。社会学研究可以帮助设计师了解社会文化、价值观和消费行为等方面的变化,从而更好地满足用户需求。伦理学研究则可以为设计师提供关于数据安全、隐私保护和环境保护等方面的指导原则,确保个性化定制产品设计过程遵循道德伦理和法律规定。

在个性化定制产品设计领域,社会学与伦理学的结合正在成为一种重要的趋势。随着人工智能技术的广泛应用,设计师面临着理解社会文化变化、用户需求以及伦理挑战。这种跨学科的融合不仅有助于创造更符合用户需求的产品,还确保了设计过程的道德和法律合规性。社会学的研究提供了对社会文化、价值观和消费行为的深入洞察,这对个性化定制产品设计至关重要。通过了解社会趋势和文化背景,设计师能够更好地预测市场需求,创造出与用户价值观和文化背景相契合的设计方案。伦理学的研究为设计师提供了处理数据安全、隐私保护和环境可持续性等问题的指导原则。在个性化定制产品设计中,确保用户数据的安全和隐私是至关重要的。同时,伦理学原则还指导设计师在设计过程中考虑环境影响,推动可持续发展。

在个性化定制产品设计中遵循道德伦理和法律规定,对保持企业声誉和用户信任至关重要。设计师需要确保他们的设计方案不仅创新,而且符合社会的伦理和法律标准。随着社会文化和价值观的不断发展,设计师需要持续适应这些变化,确保他们的设计方案能够反映社会发展的最新趋势。这要求设计师不断更新自己的知识和技能,以便更好地服务于不断变化的市场。

6.经济学与管理学

在个性化定制产品设计领域,经济学和管理学的应用正在成为实现商业成功的关键因素。设计师不仅需要具备出色的设计技能,还需要理解市场动态、商业模式以及有效的运营管理策略。这些知识的融合能够帮助设计师更好地将创新的设计理念转化为市场上成功的产品。市场分析在个性化定制产品设计中扮演着重要角色。通过深入分析市场趋势、消费者行为和竞争环境,设计师可以确定市场需求,预测潜在的市场机会,从而为设计方案提供坚实的市场基础。经济学在这方面提供了分析工具和模型,帮助设计师做出基于数据的决策。商业模式的创新对于个性化定制产品的成功至关重要。经济学和管理学提供了理解和创新商业模式的框架,使设计师能够探索新的收入来源、市场定位和客户互动策略。有效的商业模式能够确保设计的可持续性和营利性,同时满足用户的个性化需求。

在将创新的设计理念转化为实际产品的过程中,有效的运营管理策略是关键。管理学提供了组织资源、优化生产流程和提高运营效率的方法和技巧。设计师可以运用这些策略来确保设计过程的高效性,降低成本,同时保持产品质量。随着市场需求的快速变化,设计师需要灵活应对。经济学和管理学的知识能够帮助设计师理解市场动态,快速适应市场变化,及时调整设计策略和运营模式。这种灵活性和适应性对于保持竞争优势至关重要。

7.人工智能伦理与法律研究

在个性化定制产品设计领域,人工智能(AI)技术的引入带来了巨大的变革。随着这些技术的日益普及,伦理和法律问题也日益显著。这些问题不仅关乎技术的应用,还关乎整个社会的道德和法律框架。因此,对人工智能伦理和法律问题的研究对于确保个性化定制产品设计的合规性和道德责任至关重要。随着AI技术在产品设计中的应用，伦理问题成为一个不可忽视的议题。这包括但不限于用户数据的隐私保护、算法的公正性和透明性以及设计的社会影响。这些伦理问题要求设计师在利用AI技术的同时，需要考虑到其可能对用户和社会产生的广泛影响。

随着AI技术的发展，许多国家和地区开始制定相关的法律和规章制度，以规范AI的应用。设计师在进行产品设计时，需要熟悉并遵守这些法律规定，确保产品设计不仅在技术上先进，也在法律上合规。这包括数据安全、知识产权等方面的法律法规。对AI伦理与法律的深入研究可以为设计师提供实践指导。例如，通过了解数据安全法，设计师可以更好地处理用户数据，保护用户的隐私权。同样，对算法公正性的研究可以帮助设计师开发出更加公正、无偏见的AI系统。设计师在使用AI技术时，还需要认识到自身的道德责任。这不仅是遵守法律规定的问题，更是关乎设计师的职业道德。这包括确保AI技术的应用不会对用户造成伤害，不会侵犯用户的权利，以及对设计的长远社会影响进行考虑。

这些跨学科的研究方向将共同推动个性化定制产品设计领域的发展，为设计师和企业提供更多的理论和实践支持。在未来，随着人工智能技术的不断发展和跨学科研究的深入，个性化定制产品设计将呈现出更多的创新和机遇，为人类的生产和生活带来更多的便利和价值。

（二）跨学科合作对人工智能定制化产品设计成功的影响

1.创新贡献

跨学科合作在人工智能定制化产品设计中扮演着关键角色，特别是在激发创新思维、提供多样化解决方案，以及实现知识和技能的交叉应用方面。

（1）新思维方式的激发。

不同学科背景带来的多元视角可以极大地提高团队的创新能力。设计师、工程师、数据科学家等不同领域的专家共同工作，每个人都能从自己独特的角度提供见解，从而促进新的思维方式的形成。这种多元视角的融合有助于突破传统思维模式，开拓新的创新途径。

在跨学科团队中，创意的激发不仅来源于个体的灵感，也源自团队成员间的互动和讨论。团队内部的开放式沟通和头脑风暴会议是创意激发的重要机制。这种互动过程有助于提出新颖的想法,同时也为解决复杂问题提供了多种可能性。

不同学科之间的思维碰撞可以产生创新的火花。这种碰撞不仅挑战了固有的思维模式,也促进了创新解决方案的产生。

(2)解决方案的多样性。

跨学科团队能够基于各自的专业知识和经验,提出更为多样化和创新的解决方案。这些方案往往能更全面地满足用户需求和符合市场趋势。不同专业领域的结合为解决方案带来新的维度和视角,提高了产生创新解决方案的可能性。

在AI定制化产品设计中,设计与技术的结合至关重要。设计师的创意思维与工程师的技术实现能力相结合,可以带来既美观又功能强大的产品。这种结合不仅提升了产品的外观和用户体验,也增强了产品的技术实用性和市场竞争力。

创新解决方案需要通过有效的评估标准和方法来确定其可行性和有效性。评估过程包括技术可行性、用户体验和市场需求等方面。这种评估有助于确保解决方案不仅创新,而且实用和符合市场趋势。

(3)知识和技能的交叉应用。

在跨学科团队中,不同学科间的技能和知识可以相互转移和应用于新的领域。例如,数据科学家的分析技能可以用于优化设计师的创意过程。这种技能的交叉应用不仅提高了工作效率,也为创新提供了新的途径。

通过知识共享,团队成员可以学习和吸收其他领域的知识,从而提高自己的专业能力。共享机制包括内部讲座、研讨会和在线资源库。

跨学科合作为团队成员提供了学习新知识和技能的机会。通过项目合作,团队成员可以获得实际的跨学科工作经验。这种跨学科学习也可以提高团队应对复杂项目的能力。

通过上述分析,我们可以看到,跨学科合作对于AI定制化产品设计的成功具有重要影响。它不仅促进了新思维方式的产生,提供了多样化的解决方案,也加强了知识和技能的交叉应用,从而在高度竞争的市场中创造出创新且高效的产品。

2.效率提升

跨学科合作在人工智能定制化产品设计中不仅催生创新,还显著提高了设计和开发过程的效率。以下是对此影响的全面分析。

(1)流程优化与协调。

工作流程优化:在跨学科团队中,工作流程的优化是提高效率的关键。这包括简化流程、去除冗余步骤,并确保每个阶段都有明确的目标和输出。通过采用敏捷方法、持续改进流程,以及利用自动化工具,跨学科团队能够更快地适应变化,提高工作效率。

协调机制的改进:在多学科团队中,有效的协调机制确保不同领域的专家能够高效地合作。这包括明确的角色分配、定期的进度检查和有效的沟通渠道。改进的协调机制有助于减少误解和冲突,确保项目按计划顺利进行。

任务分配的效率:合理的任务分配基于每个成员的专长和项目需求。有效的任务分配可以确保团队成员能够在其擅长的领域工作,从而提高整体项目效率。通过使用项目管理工具和技术,团队可以实现更精确和高效的任务分配和跟踪。

(2)资源利用与管理。

资源共享的优势:在跨学科团队中,资源(如知识、工具、数据)共享有助于提高工作效率。这种共享避免了重复工作,加速了信息和知识的流通。资源共享催生了更高效的工作方法和创新,同时降低了项目成本。

资源配置策略:有效地配置和管理资源是跨学科项目成功的关键。这包括合理分配资金、人力和时间资源。通过考虑项目的各个阶段和需求,团队可以更有效地利用资源,避免浪费。

时间管理的策略:在跨学科团队中,有效的时间管理对于保持项目进度至关重要。这可能涉及设定实际的时间线、优先级管理和避免过度计划。通过使用时间管理工具和技术,团队能够更好地监控进度,确保按时完成项目。

(3)决策过程的高效性。

快速决策机制:在快速变化的 AI 产品开发中,建立快速有效的决策机制至关重要。这包括简化决策流程、赋予团队更多的自主权,并确保决策基于准确的信息。快速决策机制可以加速项目进展,减少等待和延误。

集体智慧的利用:利用团队的集体智慧可以快速解决问题和做出决策。这种方法通常基于团队成员的知识共享和协作讨论。集体智慧可以带来更全面和创新的决策,特别是在解决复杂问题时。

决策支持系统的应用:使用决策支持系统(如数据分析工具和模型)可以帮助团队进行基于数据的决策,提高决策的准确性和效率。这些系统提供了有价值的洞察和预测,有助于指导团队做出更明智的选择。

通过上述分析,可以看出跨学科合作对AI定制化产品设计的效率有着显著的影响。通过优化流程、有效管理资源和高效决策,跨学科团队能够在保持创新的同时,提高工作效率和项目成功率。

3.市场影响

跨学科合作在人工智能定制化产品设计中,在准确洞察市场需求、提高产品创新性和适应性,以及商业模式的创新和优化方面发挥着至关重要的作用。

(1)市场需求的准确洞察。

市场趋势分析:跨学科团队利用来自不同领域的知识和数据,能够更全面地分析市场趋势。设计师、市场专家和数据科学家的协作可以揭示消费者偏好和行业发展的新趋势。通过综合不同学科的视角,团队能够更准确地预测市场变化,为产品设计提供有力的数据支持。

用户需求的深入理解:深入理解用户需求是定制化产品设计成功的关键。跨学科团队通过用户研究、行为分析和用户反馈收集,能够深入挖掘用户的真实需求。多学科背景的团队成员可以从不同角度分析用户需求,提供更为全面和深刻的洞察。

竞争分析的多角度:在进行竞争分析时,跨学科团队的多角度视角有助于更全面地评估市场竞争环境。不同学科的专家可以从技术、市场、用户体验等多个方面分析竞争对手。这种全方位的竞争分析有助于发现潜在的市场机会和威胁,为制定产品策略提供支持。

(2)产品创新与市场适应性。

产品创新策略:跨学科团队在产品创新方面拥有独特优势。团队成员能够结合最新的技术趋势、设计原则和市场需求,推动产品创新。创新不仅体现在技术上,也体现在满足用户需求的新方式和改善用户体验上。

市场适应性的提升:增强产品的市场适应性需要团队对市场动态的快速响应和灵活调整产品策略。跨学科团队可以迅速吸纳市场反馈,调整产品特性,以更好地适应市场变化。有效的市场适应性策略包括灵活的设计和开发过程，以及持续的市场监测和分析。

创新与市场反馈：将市场反馈快速融入产品创新过程是实现市场成功的关键。跨学科团队可以利用实时的数据分析和用户反馈，持续优化产品。这种快速迭代的方法有助于团队持续改进产品，保持与市场的同步。

（3）商业模式的创新与优化。

商业模式创新：跨学科团队能够推动商业模式的创新，通过结合不同学科的知识和技术，发展新的盈利方式和服务模型。创新的商业模式可能涉及新的收入来源、客户关系管理策略或价值交付方式。

价值主张的优化：优化产品或服务的价值主张是满足市场需求的关键。跨学科团队能够结合技术创新和市场洞察，提出更有吸引力的价值主张。有效的价值主张优化依赖于深入了解用户需求和市场趋势。

盈利模式的多样化：跨学科合作带来的盈利模式的多样化和创新，为企业打开新的收入渠道。团队可以探索多种盈利模式，如订阅服务、定制化解决方案或增值服务。盈利模式的创新和多样化有助于企业更好地适应市场变化，增强竞争力。

通过以上分析，可以看出跨学科合作对于 AI 定制化产品设计在市场上的成功具有深远影响。它不仅促进了对市场需求的准确洞察和产品创新，还推动了商业模式的创新和优化，从而在竞争激烈的市场中取得优势。

三、可持续发展与环保设计的研究重点

随着全球气候变化和资源短缺问题日益严重，可持续发展和环保设计已成为个性化定制产品设计领域的重要研究方向。

（一）绿色材料与技术

个性化定制产品设计领域正经历一场绿色革命，其核心在于绿色材料和技术的应用。这一转变不仅符合全球环保和可持续发展的趋势，也回应了越来越多消费者对环境友好产品的需求。随着人们的环保意识的提升和技术的进步，绿色材料与技术在个性化定制产品设计中的重要性日益凸显。

绿色材料，如环保、可再生和可降解材料，是实现可持续产品设计的关键。这些材料在生产过程中消耗较少的能源，且在产品的整个生命周期中对环境的影响较小。例如，使用竹子、再生塑料或生物基材料等，可以显著

减少对传统、非可再生资源的依赖。未来的研究需要集中于对绿色材料的开发和优化，以确保它们在实际应用中既经济实惠又对环境友好。除了选用绿色材料外，采用环保生产技术同样至关重要。这包括但不限于使用清洁能源、减少废物产生和排放以及提高能源效率。例如，利用太阳能或风能作为生产过程中的能源来源，或者采用更高效的生产流程以减少能源消耗和废物排放。通过这些措施，可以大幅度降低产品生产过程中的环境影响。在设计个性化定制产品时，设计师需要进行全面的生命周期评估，这意味着从原材料采集到产品生产、使用乃至废弃物处理的每一个环节都要考虑其对环境的影响。生命周期评估有助于识别和量化产品设计中可能产生的环境影响，进而指导设计师做出更环保的决策。

尽管绿色材料和技术的应用为个性化定制产品设计带来了诸多益处，但也面临不少挑战。首先，绿色材料的成本和可获得性是主要障碍之一。其次，改变现有的生产流程以适应新技术可能需要显著的初始投资和时间。然而，这些挑战也带来了机遇，比如开发新的细分市场和满足日益增长的环保需求。

（二）循环经济与资源利用

个性化定制产品设计正面临着向更可持续发展模式转变的挑战和机遇。在这个过程中，循环经济和资源利用的理念起到了至关重要的作用。将这些理念融入产品设计中不仅有利于环境保护，还能推动产业的创新和发展。循环经济的核心在于最大化产品和资源的使用效率，并最小化废弃物。在个性化定制产品设计中，这意味着从设计之初就考虑产品的整个生命周期。设计师需要关注产品在使用完毕后的再利用、再制造和回收潜力，确保产品设计不仅满足消费者当前的需求，同时也便于未来的资源回收和重复利用。资源有效利用是实现循环经济的关键。在个性化定制产品设计中，这通常涉及选择可持续材料、采用环保生产方法以及设计易于分解和回收的产品。例如，使用可再生材料和生物基塑料，以及设计易于拆卸的产品，可以大大增加产品在生命周期结束时的回收价值。循环经济不仅有利于环境保护，也为企业提供了新的商业机会。通过设计更加持久和可回收的产品，企业可以减少原材料的使用和废弃物的产生，从而降低成本并提高效率。此外，循环经济模式还可以帮助企业开拓新的市场和顾客群体，特别是那些对环保和可持续性高度关注的消费者。

将循环经济理念应用于个性化定制产品设计需要创新的思维和方法。设计师和企业需要不断探索新的设计理念、材料和生产技术,以适应循环经济模式的要求。同时,企业还需要面对市场转型的挑战,包括消费者习惯的改变、供应链的调整以及与利益相关者的协作。

(三)生命周期评价与环境影响评估

在个性化定制产品设计中,生命周期评价(LCA)和环境影响评估(EIA)的应用越来越受到重视。这些方法能够帮助设计师和企业更全面地理解产品从原材料获取、制造、使用到最终处置的整个过程对环境的影响。有效的LCA和EIA不仅能够指导设计决策,还能帮助减少环境影响,推动可持续发展。生命周期评价是一种系统的方法,用于量化产品在其整个生命周期中对环境的影响。这包括原材料的开采、加工,产品的制造、使用,以及最终的废弃物处理。通过LCA,设计师可以识别和评估产品设计中的关键环境问题,如能源消耗、废弃物产生和资源使用效率。

环境影响评估是另一种关键工具,用于评估设计决策对自然环境和人类健康的潜在影响。它可以帮助设计师在设计过程中识别和减少不利影响,例如减少有害物质的排放、选择更环保的材料和生产技术。LCA和EIA的结合使用可以在设计阶段对产品的环境性能进行预测和优化。设计师可以利用这些评估工具来制定更环保的设计策略,比如提高材料利用率、采用可再生能源和可回收材料。通过采用LCA和EIA,个性化定制产品设计可以更有效地促进可持续发展。这些方法不仅能帮助减少对环境的损害,还能提升企业的市场竞争力,因为越来越多的消费者和法规要求产品必须符合环保标准。

(四)环保法规与政策研究

在当今世界,环保法规与政策对于指导和塑造个性化定制产品设计领域的发展趋势起着至关重要的作用。随着全球环境保护意识的增强,各国和地区正在实施一系列法律法规和政策,旨在促进更可持续的产品设计和制造实践。这些法规和政策不仅为设计师提供了行动框架,还对创新和市场竞争产生了显著影响。环保法规与政策为个性化定制产品设计设定了一系列标准和要求，旨在减少环境污染和促进资源高效利用。这些规定涉及从原材料的选择、能源使用、废弃物管理到产品的回收再利用等多个方面。遵守这些法规和政策不仅是法律义务，也是实现可持续发展的关键。环保法规与政策直接影响设计师的创作过程。设计师需要在保持创新和满足用户需求的同时，确保其设计符合相关环保标准。这要求设计师具备对法规的深入理解，并能够在设计过程中灵活应用这些规定。各国和地区的环保法规与政策存在显著差异，这对于跨国经营的企业而言是一个重要考虑因素。设计师和企业需要对不同市场的法规进行深入研究，以确保其产品设计在全球范围内的合规性。

尽管环保法规可能带来一定的设计限制，但它们也为设计师提供了创新的机会。在寻求满足环保标准的过程中，设计师可以探索新材料、新技术和新方法，从而推动设计领域的创新发展。为确保合规性，设计师需要接受有关环保法规与政策的专业培训。通过培训，设计师不仅可以了解最新的法规要求，还可以掌握如何在设计中实现这些要求。

（五）社会与环境伦理

在当今时代，个性化定制产品设计正在迅速发展，而伴随着这一发展的是对社会与环境伦理的日益重视。设计师在创造吸引人的定制产品时，不仅要关注经济效益，还要考虑其对社会公正和环境正义的影响。这种复杂的平衡要求设计师不仅是创造者，还是伦理决策者。社会与环境伦理在个性化定制产品设计中的核心地位日益凸显。设计师需考虑其设计如何影响社会公平、环境保护和生态平衡。例如，使用可持续材料、确保生产过程公平和环保、减少产品生命周期中的碳足迹等都是设计师必须考虑的因素。

设计师面临的主要挑战之一是在追求经济效益和满足市场需求的同时，确保其设计符合社会和环境伦理标准。这种平衡要求设计师具备对市场趋势的敏锐洞察力，同时对社会责任有深刻的理解和承诺。

随着环境问题的日益严峻，环境伦理理论在产品设计领域的应用变得至关重要。设计师可以通过这些理论指导，开发出既符合市场需求又环保的产品。例如，采用循环经济模式、减少浪费、增强产品的可持续性等。在个性化定制产品设计中，设计师不仅是创造者，也是伦理决策者。他们需要在设计过程中权衡各种伦理和实际因素，确保设计的最终结果对社会和环境具有积极影响。为实现伦理导向的设计实践，设计师需要了解和应用最新的环保技术和材料。他们还需要与社会学家、环境专家和伦理学者紧密合作，以确保他们的设计策略和实践符合高标准的社会和环境伦理。

（六）用户参与与环保意识

在当今社会，个性化定制产品设计领域越来越重视用户参与和环保意识。随着环境问题的加剧，设计师和研究人员正在寻找方法，不仅让用户参与到设计过程中，而且提升他们的环保意识，以推动可持续发展的实现。

用户参与在个性化定制产品设计中扮演着至关重要的角色。通过让用户参与到设计过程中，设计师可以直接了解用户的需求和偏好，从而创造出更符合市场需求的产品。用户参与不仅提升了产品的个性化程度，还增强了用户对产品的认同感和满意度。设计策略在激发用户环保意识方面具有重要作用。设计师可以通过教育和宣传，让用户意识到可持续设计的重要性。例如，通过展示产品的环保属性和其对环境的积极影响，可以增加用户对环保产品的需求。提高用户对可持续发展的认识是设计师面临的另一个挑战。设计师可以通过各种渠道，如社交媒体、宣传材料和互动活动，向用户传播可持续发展的概念和实践。通过这些努力，用户将更加了解和支持环保设计。

在产品设计过程中，设计师应充分考虑用户的环保需求和期望。这包括使用可持续材料、采用环保生产工艺和实现产品的长期可持续性。这样的设计不仅有利于环境保护，也能提高产品在市场上的竞争力。通过强调环保设计，个性化定制产品可以在市场上脱颖而出。环保产品越来越受到消费者的青睐，尤其是在越来越多的消费者开始关注环境问题的今天。因此，设计师通过提高产品的环保特性，不仅可以吸引更多的客户，还能提高品牌的社会认可度。

（七）人工智能技术在环保设计中的应用

人工智能技术在个性化定制产品设计中正迅速成为一种不可或缺的工具，特别是在环保设计方面。随着环境问题的日益严重，人工智能技术在绿色材料的开发、环保生产技术的创新以及产品的回收与再利用等方面扮演着重要角色。这种技术的进步和应用不仅推动了环保设计的技术发展，也提高了其在市场上的普及和接受程度。

人工智能技术在绿色材料开发领域中的应用，为设计师提供了更广泛的材料选择。智能算法和大数据分析可以有效地预测材料的环保性能和可持续性。此外，AI技术还能帮助研究人员在化学合成和材料测试过程中发现新的可持续材料，从而减少环境影响。在生产过程中，人工智能技术可以优化能源消耗，减少废弃物产生。例如，智能化的生产流程管理，可以有效地减少生产过程中的能耗和资源浪费。此外，AI在机器学习和预测分析方面的应用，有助于实现更高效的生产调度和资源分配。

产品的回收和再利用是实现可持续发展的关键环节。AI技术可以在产品设计初期就考虑到回收利用的可能性，预测产品寿命结束后的处理和回收方式。此外，智能系统还能帮助优化回收流程，比如自动识别和分类废弃物料，提高回收效率。人工智能技术不仅推动了环保设计的技术进步，还促进了其在市场上的普及。通过智能化的营销策略和市场分析，设计师可以更好地了解消费者对环保产品的需求，从而设计出更符合市场趋势的产品。同时，人工智能技术还可以在产品推广过程中提供数据支持，帮助企业更有效地定位目标市场和用户群体。

（八）跨学科研究与合作

在当今的个性化定制产品设计领域，跨学科研究与合作已成为实现可持续发展的重要途径。通过将生态学、社会学、心理学、法学等不同学科的理论和方法相结合，研究人员能够深入探索可持续发展与环保设计的新领域，并创造出符合现代社会需求的创新设计方案。

在可持续发展的背景下，个性化定制产品设计已不再局限于单一学科的框架。环保设计的挑战要求设计师不仅考虑美学和功能性，还需关注产品的社会和生态影响。因此，结合生态学的环境影响评估、社会学的消费者行为理解、心理学的用户体验优化和法学的合规性考虑，变得尤为重要。建立跨学科的研究平台能够促进不同领域专家之间的知识共享和技术创新。通过这种合作，可以汇聚多方视角和专业知识，共同探索可持续设计的新方法和新理念。例如，通过整合生态学家的环境知识和设计师的创意，可以开发出既美观又环保的产品。

跨学科研究面临的挑战包括语言和方法论的差异、合作的组织和协调难度等。然而,这些挑战也带来了机遇,比如促进创新思维的碰撞和融合,提升研究的深度和广度。通过跨学科研究,可以更全面地理解和解决可持续发展中的复杂问题。跨学科研究在可持续设计中的应用包括利用社会学方法了解消费者的环保意识、应用生态学原理评估产品的生态足迹、利用心理学技术优化用户体验等。通过这些应用,设计师能够创造出既符合市场需求又具有环保价值的产品。

可持续发展与环保设计在个性化定制产品设计中具有广泛的研究空间和应用前景。未来研究需要从多个层面深入探讨环保设计的理论、方法和实践,以推动个性化定制产品设计领域的可持续发展。

四、人工智能技术与传统设计方法的深度融合

在个性化定制产品设计领域,人工智能技术与传统设计方法的深度融合是未来研究趋势与方向之一。人工智能技术为传统设计方法带来了新的发展机遇,同时也带来了新的挑战。

(一)方法论创新

在当前的设计领域中,随着人工智能技术的快速发展,设计师面临着在设计方法论方面进行创新的需求。设计方法论,作为设计过程中所依循的一系列规则和原则,对于指导设计师进行有效的设计活动具有至关重要的意义。特别是在个性化定制产品设计领域,这一需求变得尤为突出。

随着人工智能技术的深入应用,设计师需要将这些技术与传统设计方法相结合,创造出新的设计方法论。这种融合不仅要求设计师深入理解人工智能技术的特点和优势,还需要掌握如何将这些技术与传统设计思维和工具有效整合。通过这种融合,设计师可以更好地利用人工智能在数据处理、模式识别和预测分析等方面的能力,提升设计效率和优化设计质量。人工智能技术的核心优势在于其强大的数据处理能力、高效的模式识别功能和先进的预测分析技术。这些特点使得人工智能在理解复杂设计问题、处理大量设计数据和生成创新设计方案方面展现出独特的优势。设计师通过利用这些技术,可以更快速、更准确地捕捉用户需求,实现更为精准和创新的产品设计。

通过将人工智能技术与传统设计方法相结合,设计师可以显著提高设

计效率。例如，利用人工智能的快速数据分析能力，设计师可以迅速理解市场趋势和用户偏好，从而缩短设计周期。同时，人工智能在自动生成设计方案和快速迭代方面的能力，也使得设计过程更为高效和灵活。除了提升设计效率外，人工智能技术还能够帮助设计师优化设计质量。通过深度学习和模式识别，人工智能能够从海量数据中挖掘出深层次的设计洞察和趋势，为设计师提供更全面的设计灵感。此外，人工智能在测试和验证设计方案的有效性方面也显示出其独特的优势，有助于设计师在早期阶段识别并修正潜在的设计问题。

（二）工具发展

在个性化定制产品设计领域，人工智能技术的引入已经开始改变设计师的工作方式。这些技术提供的新型设计工具不仅提高了设计效率，还大幅度扩展了设计的可能性。未来的研究将集中于开发更高效、更实用的人工智能设计工具，以推动个性化定制产品设计的进一步发展。

随着人工智能技术的不断进步，设计师现在能够使用各种高级工具来优化设计过程。这些工具涵盖了从设计决策到方案生成、评估和优化等多个方面。例如，深度学习和图像识别技术的结合使设计师能够快速创建原型和视觉模型，大大提高了设计的初始阶段的效率。通过利用大数据分析，设计师可以更准确地捕捉和理解用户的需求和行为模式。这种方法使得设计方案更具针对性和个性，从而更好地满足用户的具体需求。设计师可以通过分析用户数据来识别市场趋势，定制出更受市场欢迎的产品。

利用虚拟现实技术，设计师可以以更直观、互动性更强的方式展示产品设计。这种技术不仅使客户能够在早期阶段体验产品，还提供了一个平台，使设计师可以直接接收用户反馈，并据此优化设计。虚拟现实技术的应用也为设计师与客户之间的沟通提供了新的可能性。

未来的研究将专注于开发和完善更多基于人工智能的设计工具。这些工具将进一步提高设计的质量和效率，同时为设计师提供更多创新的空间。例如，未来可能会有基于人工智能的自动设计评估工具，能够提供即时的反馈和建议，从而帮助设计师在设计过程中做出更明智的决策。

（三）设计流程整合

在个性化定制产品设计中，将人工智能技术与传统设计方法进行深度融合的一个重要方面是整合设计流程。这种整合不仅提高了设计效率,还更好地满足了个性化需求。为了适应这一发展,未来的研究将集中于如何有机地结合这两种方法,以优化整个设计过程。

设计流程的整合是个性化定制产品设计领域的核心。这个过程涉及从设计需求分析到概念设计,再到方案设计、详细设计和生产制造等多个环节。在这些环节中,人工智能技术的引入能够显著提高工作效率和准确性,同时保持设计的灵活性和创新性。融合人工智能技术和传统设计方法是未来设计流程中的关键。这种融合需要设计师不仅掌握传统的设计技能和理念,还需要了解人工智能技术的特点和应用。例如,利用人工智能进行设计需求分析可以快速准确地捕捉和分析用户需求,而传统的设计方法则可以在概念设计阶段提供更多的创造性和灵活性。

为了适应快速变化的市场需求和技术进步,设计流程需要更高的效率和灵活性。通过整合人工智能技术和传统设计方法,设计师能够快速响应市场变化,同时保持设计的个性化和创新性。这种整合还意味着在设计的每个阶段都能有效利用可用的技术和资源。未来研究将专注于探索如何更有效地将人工智能技术和传统设计方法结合在一起。这包括开发新的工具和平台来支持这种整合,以及制定新的工作流程和标准来优化设计过程。此外,研究还将涉及如何通过教育和培训帮助设计师适应这一新的设计环境。

(四)人才培养与发展

为了实现人工智能技术与传统设计方法的深度融合,需要培养一批具备跨学科知识和技能的设计师。这些设计师需要熟练掌握人工智能技术和传统设计方法,具备创新思维和实践能力。要实现这一目标,关键在于培养一批既懂得运用人工智能技术,又深谙传统设计方法的跨学科人才。这样的设计师将具备创新思维和实践能力,能够在个性化定制产品设计领域发挥重要作用。

未来的设计师需要具备多元化的知识和技能。他们不仅需要理解传统的设计方法,还需要掌握人工智能技术的基本原理和应用。这种跨学科的知识结构将使他们能够更有效地在设计过程中应用人工智能,创造出创新和个性化的产品。为了培养这样的设计师,教育体系必须进行改革。传统的设计教育需要与最新的人工智能技术知识相结合，提供一个综合的学习平台。这包括在课程中融入机器学习、数据分析和算法设计等内容，以及提供实践机会，使学生能够在真实的项目中应用这些知识。

除了技术和方法的学习，创新思维的培养也是至关重要的。设计师需要能够不拘一格地思考，将传统设计方法和现代科技相结合，创造出既实用又具有美学价值的产品。这种创新思维可以通过案例研究、工作坊和团队合作项目等方式来培养。理论知识的学习必须与实践能力的培养相结合。未来的设计师需要在真实世界的项目中应用他们的知识，通过实际操作来提升他们的技能。这不仅包括设计技能的培养，还包括项目管理、团队合作和沟通能力的提升。

人工智能技术在个性化定制产品设计中的挑战与前景表现在设计方法论创新、工具发展、设计流程整合以及人才培养与发展等方面。未来研究需要着力解决这些问题，推动人工智能技术与传统设计方法的深度融合，为个性化定制产品设计提供有力支持。

五、人工智能技术在新兴领域的应用与创新

人工智能技术在个性化定制产品设计中的应用和创新为市场带来了新的机遇和产业变革。随着技术的不断发展和创新，人工智能技术将进一步渗透到各个行业和领域。

（一）新兴领域的应用

随着人工智能技术的迅猛发展，其应用领域不断扩大，涉及生物医学、虚拟现实与增强现实、智能家居等多个新兴领域。这些应用不仅展现了人工智能技术的广泛适用性，也预示着这些领域即将迎来产业变革和市场机遇。

在生物医学领域，人工智能技术正逐渐成为医生的得力助手。通过深度学习和数据分析，AI能够协助医生进行更加准确的疾病诊断和治疗方案的制订。例如，AI算法能够从大量医疗影像中快速识别疾病迹象，提高诊断的速度和准确率。此外，人工智能还能在个性化医疗和药物研发中发挥关键作用，为患者提供更加精准的治疗方案。

在虚拟现实（VR）和增强现实（AR）领域，人工智能技术的应用使得虚拟

环境更加真实和具有沉浸感。AI算法能够根据用户的行为和反馈,实时调整虚拟环境,提供更加个性化的体验。例如,在教育和培训领域,通过结合AI和VR/AR技术,可以创造出互动式学习环境,提高学习效率和参与度。

智能家居领域是人工智能技术的另一个重要应用领域。通过AI技术,家居设备能够实现更高程度的智能化和互联。例如,智能音箱可以通过语音识别技术理解和执行用户的命令,智能冰箱可以根据食物存储情况自动生成购物清单。这些应用不仅提高了生活的便捷性,还为节能减排做出了贡献。

(二)产业变革

人工智能技术在新兴领域的应用和创新将推动产业的变革。传统的设计和制造产业将逐步向个性化定制产品设计和制造转型,提高产品的附加值和竞争力。此外,人工智能技术还催生了一系列新兴产业,从而为经济增长和社会进步注入新的动力。例如:智能制造领域利用机器学习和自动化技术,大大提高了制造效率和质量控制标准;服务机器人领域则利用AI进行自然语言处理和环境适应,为服务行业带来革命性的变化。此外,无人驾驶技术的发展不仅改变了交通行业的面貌,还有潜力改善城市规划和减少交通拥堵。

这些产业变革为经济增长提供了新的动力。通过提高生产效率、降低成本并开拓新的市场领域,人工智能技术正在成为推动经济发展的关键因素。同时,这些变革也为劳动市场带来了新的机会和挑战,需要重新考量劳动力的技能培训和教育体系。除了经济层面,人工智能技术在推动社会进步方面也发挥着重要作用。例如,智能医疗技术的发展正在提高医疗服务的质量和可及性,而教育技术的应用则有望缩小教育资源的差距,提供更为个性化和高效的学习方式。

(三)市场机遇

人工智能技术在新兴领域的应用与创新将为市场带来新的机遇。这一技术革新不仅为企业带来了前所未有的发展机遇,还在推动整个市场向更高效、更个性化的方向发展。随着个性化定制产品设计需求的不断增长,企业需要不断创新和优化设计方法和工具,以满足市场需求。人工智能领域的快速发展正在不断带来新的技术创新。这些创新，如机器学习、深度学习、自然语言处理等，为产品设计提供了更多可能性。通过这些先进技术，设计师可以更加高效地进行创意生成、原型测试和市场适应性分析，这不仅提高了设计的效率，也缩短了产品从设计到市场的周期，加快了企业对市场变化的响应速度。随着人工智能技术的深入应用，越来越多的新兴产业开始涌现。这将为企业带来新的市场机遇和增长点。同时，人工智能技术的不断发展和创新，将催生出更多的新兴产业和市场空间，为企业提供更广阔的发展机遇。

（四）技术融合

人工智能技术与其他技术的融合将为新兴领域带来新的创新和市场机遇。特别是在个性化定制产品设计领域，技术融合的影响日益显著，不仅提升了设计的效率和精度，还为整个产业的发展注入了新的活力。人工智能与大数据的结合为个性化定制产品设计提供了一个强大的数据支持平台。通过分析大量的用户数据，AI技术能够洞察用户的具体需求和偏好，从而使得设计更加精准和个性化。大数据的应用还能帮助设计师识别市场趋势和消费者行为模式，为设计决策提供数据驱动的洞察。云计算为个性化定制产品设计提供了灵活的计算资源和强大的存储能力。设计师能够利用云平台进行高效的设计迭代和模拟，同时分享和协作变得更加便捷。云计算技术使得复杂的设计任务能够在网络环境中无缝执行，极大地提高了设计流程的效率和灵活性。物联网技术的引入使得个性化定制产品能够与用户的日常生活环境紧密相连。通过收集用户的实时数据，设计师能够更好地了解用户在特定环境中的使用习惯和需求，从而设计出更加符合实际应用场景的产品。此外，物联网技术还为产品的后续服务和维护提供了实时数据支持，增强了产品的市场竞争力。

技术融合不仅推动了个性化定制产品设计的发展，还为智能城市、智能农业等领域带来了新的应用和创新。例如，在智能城市的构建中，通过综合应用AI、大数据、云计算和物联网技术，可以实现更有效的城市管理和服务。在智能农业领域，这种技术融合可以提高农业生产的智能化水平，增加作物产量并降低成本。

（五）产业生态

随着人工智能技术在新兴领域的应用与创新，产业生态将不断完善和发展。人工智能技术在新兴领域的应用不断推动产业生态的演变和成熟。这一趋势正催生出一个更加多元化和协同创新的产业环境，为各类企业、政府机构、教育和研究组织提供了前所未有的合作机会和市场潜力。

随着人工智能技术的普及，企业之间的合作日益加强。在这个新的产业生态中，企业不再是孤立的竞争者，而是通过合作与联盟来共同探索新的技术应用和市场机会。这种合作模式包括共享资源、技术交流、联合研发等，使企业能够更有效地利用各自的优势，共同推动产业创新和发展。政府、高校和研究机构在构建这一新的产业生态中发挥着至关重要的作用。政府通过制定相应的政策和提供资金支持，为人工智能技术的研究和应用创造有利的环境。高校和研究机构则通过开展前沿的科学研究和技术开发，提供了新的思路和解决方案，促进了产业技术的快速进步。

在人工智能驱动的产业生态中，产业链上下游的协同创新成为常态。从原材料供应商到制造商，再到销售和服务提供商，各环节紧密相连，共同推动产品从设计到生产再到市场的整个过程。这种协同不仅提高了效率，还优化了资源分配，降低了成本。这一新兴的产业生态为企业提供了更为广泛的市场机会。随着技术的发展和应用领域的扩大，新的市场需求和消费模式不断出现，为企业提供了探索新业务和拓展市场的机会。同时，企业也能够更快速地响应市场变化，灵活调整其产品和服务，以满足消费者的多样化需求。

（六）社会影响

人工智能技术在新兴领域的广泛应用和创新正在对社会产生深远的影响。这种影响既包括对生产效率和经济发展的推动，也涉及生活方式和工作模式的改变，同时还伴随着就业、数据安全和隐私等方面的挑战。这些变化要求政府、企业和社会各界共同合作，制定有效的策略和政策，以确保人工智能技术的可持续发展。

人工智能技术通过提高生产效率和降低生产成本，为经济增长提供了新的动力。AI 技术的应用在提高产品和服务质量的同时，减少了人力成本和时间消耗，为各行各业带来了效率的革命。这种提高效率的能力使企业能够更快速地响应市场需求，推动经济的快速发展。人工智能技术正在改变人们的日常生活和工作方式。在家庭生活中，智能家居系统、个性化健康管理等应用使生活更加便捷和舒适。在工作场所，自动化和智能化工具使工作效率大幅提升，同时也为员工提供了更多的学习和成长机会。

尽管人工智能技术带来了诸多好处，它也引发了一些挑战。最明显的是就业问题，自动化和智能化可能会导致某些岗位的减少。此外，数据安全和隐私保护也是人们普遍关心的问题。随着越来越多的个人信息被收集和分析，如何确保这些信息的安全和用户的隐私权益，成为一个重要议题。为应对这些挑战，政府、企业和社会各界需要共同努力，制定和实施一系列政策和措施。政府可以通过制定相关法律法规，保障数据安全和个人隐私。企业则应承担起社会责任，确保技术的合理应用，并对员工进行必要的培训和再教育，以帮助他们适应新的工作环境。此外，加强公众对 AI 技术的认识和理解，也是实现技术可持续发展的关键。

人工智能技术在新兴领域的应用与创新将为市场带来新的机遇和产业变革。企业、政府和社会各方需要紧密合作，共同推动人工智能技术的研究与应用，以实现产业的发展与变革，促进社会经济的持续增长和进步。

本章总结

本章全面探讨了人工智能技术在个性化定制产品设计中的挑战与前景。首先，设计师角色的转变已成为一个重要议题。随着人工智能技术的融入，设计师需学会与人工智能协作，并提高自身能力以适应设计教育与培训的改变。同时，人类与人工智能设计师共生发展的理念需要引起重视，以满足不断变化的职业发展与市场需求。

其次，未来研究趋势与方向方面，人工智能技术在个性化定制产品设计中的应用将持续拓展。多学科交叉与融合的研究方向将带来更多创新，同时可持续发展与环保设计的研究将成为未来的重点。

最后，本章探讨了创新设计方法与理论的发展。人工智能技术将在设计创新过程中发挥重要作用，而面向未来的设计方法和理论也将不断演进，以适应科技发展和市场需求的变化。

综上所述，人工智能技术在个性化定制产品设计中的应用既充满机遇，又伴随着挑战。设计师、研究者和企业都需要不断适应技术变革，以实现个性化定制产品设计领域的可持续发展。

第六章　总结与展望

第一节 人工智能技术对产品设计个性化定制的贡献与价值

一、提高设计效率与质量

随着人工智能技术在产品设计领域的应用，设计师可以利用这些技术更高效地生成个性化定制的产品方案。人工智能的应用不仅加速了设计流程，还提高了设计质量。

（一）优化设计流程

在设计过程中，人工智能可以实现快速迭代和优化。例如，AI可以自动生成设计草图、进行材料选择或优化产品结构，从而减少设计师在这些任务上的时间投入。此外，AI工具在迭代过程中提供快速精确的反馈，使设计师能够更有效地优化设计方案。遗传算法、粒子群优化算法等智能优化算法可以帮助设计师快速发现优秀的设计方案。这些算法可以在数千个或数百万个潜在方案中，自动寻找到最佳的设计方案，从而显著提高设计效率。

（二）辅助决策与评估

人工智能技术可以辅助设计师进行决策和评估。例如，神经网络、支持向量机等机器学习算法可以通过分析历史数据，预测产品的性能、成本和市场需求。这样，设计师可以基于这些预测结果，更有信心地做出合适的设计决策，并在早期阶段筛选出优质的设计方案。

举例说明：在汽车设计领域，人工智能可以辅助设计师进行车辆气动性能的优化。通过计算流体力学（CFD）仿真和人工智能算法，设计师可以在短时间内得到气动性能最佳的车身形状，从而提高车辆的燃油效率和驾驶稳定性。

（三）创新设计思维

人工智能技术可以激发设计师的创新思维。例如，深度学习算法如生成对抗网络(GAN)可以从大量的样本中学习,并生成新的、具有创新性的设计方案。这些新颖的设计灵感可以激发设计师的创意,并促使他们突破传统设计思维的限制。

1.揭示设计趋势和模式

人工智能(AI)通过高级大数据分析工具,能够深入挖掘并识别出当前市场中被忽视的设计趋势和用户需求。这一过程涉及复杂的数据挖掘和模式识别技术,使设计师能够获得对潜在市场机会的全新视角。例如,通过分析社交媒体趋势、消费者购买行为和在线互动数据,AI能够揭示特定人群对某种设计风格或功能的偏好。实际案例表明,AI在发现并推动新的设计理念方面起到了关键作用,如在智能家居和可持续时尚领域的应用。

2.激发创造性思维

AI技术通过提供高级仿真和预测工具,辅助设计师超越传统思维限制,激发创新设计理念。AI工具能够模拟不同设计方案的实际应用效果,帮助设计师在创新过程中做出更加明智的决策。同时,AI的预测功能能够帮助设计师预见未来的设计趋势和市场需求,从而在设计过程中采取更具前瞻性的方法。如在时尚设计领域,人工智能可以帮助设计师根据消费者的喜好和流行趋势,自动生成新颖的服装设计方案。这些方案可以为设计师提供灵感,并帮助他们更好地满足市场的个性化需求。

(四)个性化用户体验

人工智能技术还可以根据用户的喜好、习惯和需求,为他们提供高度个性化的产品设计。例如,推荐系统和用户画像技术可以帮助设计师了解每个用户的独特需求,从而实现精准的个性化定制。

举例说明:在家居设计领域,人工智能可以根据用户的生活习惯、家庭结构和审美喜好,为用户量身定制独特的家居布局方案。通过深度了解用户需求,设计师可以为他们提供更加舒适、实用的居住空间。

(五)降低生产成本

人工智能技术在提高设计效率与质量的同时,还可以降低生产成本。通过智能优化算法,设计师可以在设计阶段就预测并优化产品的制造成本。此外,人工智能还可以帮助企业实现精益生产和供应链管理,从而降低整体生产成本。

举例说明:在航空制造业中,人工智能技术可以辅助设计师优化飞机零部件的结构设计,以减轻重量、降低材料成本和提高燃油效率。此外,通过优化供应链管理,企业还可以实现更加高效、低成本的生产。

人工智能技术在个性化定制产品设计领域具有广泛的应用价值,它可以显著提高设计效率、质量和用户体验,同时降低生产成本。随着人工智能技术的不断发展,未来它将在更多领域发挥更大的作用,为设计师带来更多的机遇与挑战。

二、满足消费者个性化需求

人工智能技术的引入使得个性化定制产品设计能够更好地满足消费者的个性化需求。通过对大量用户数据的分析和挖掘,设计师可以更精准地了解消费者的喜好和需求,从而为消费者提供更加个性化和贴合需求的产品。

(一)深入理解用户偏好

通过分析用户行为数据,AI 可以揭示消费者的隐藏偏好,为设计师提供宝贵的洞察。这包括用户的购买历史、在线浏览行为和社交媒体互动。通过这些数据,AI 可以帮助设计师了解哪些功能、风格或颜色更受欢迎,从而指导设计决策,使产品更加吸引目标消费者。

(二)实现精确用户匹配的定制化设计

AI 技术能够处理和分析大量用户数据,创建高度个性化的设计方案,以精确满足不同用户的需求。这种个性化的设计不仅提高了用户的满意度,还增强了品牌与消费者之间的连接。通过为用户提供量身定制的解决方案,企业可以提高客户忠诚度和市场份额。

(三)用户反馈和产品迭代

AI 在收集和分析用户反馈方面发挥着重要作用。通过对用户反馈的实时分析,AI 可以帮助企业快速识别和解决产品设计中的问题,从而有效地优化产品性能和用户体验。此外,AI 在产品设计迭代过程中提供的数据和见解，有助于设计师更快地响应市场变化和用户需求。

通过上述分析，可以看出人工智能技术在推动产品设计个性化定制方面的巨大价值。AI 不仅能够帮助设计师揭示新的设计机会，激发创造性思维，并提高设计效率，还在满足用户个性化需求和优化产品迭代方面发挥着关键作用。随着 AI 技术的不断发展和完善，其在产品设计领域的应用将进一步拓展，为企业创造更多价值。

三、促进创新与多样性

人工智能技术在设计领域具有重要的推动作用，不仅可以提高设计效率和质量，还可以为设计师提供新的创意灵感，拓宽设计思路，从而促进创新与多样性。

（一）人工智能技术作为创意触发器

人工智能技术如生成对抗网络（GAN）和深度学习等算法可以从海量数据中挖掘并生成具有创新性的设计元素。这些元素可以作为设计师的创意触发器，激发他们在设计过程中产生更多新颖的构想。此外，人工智能还可以通过对不同领域的深度挖掘，为设计师提供跨界融合的创新思路。

例如，ChatGPT 是一款基于 GPT-4 的人工智能写作助手，设计师可以通过与 ChatGPT 的交流获得灵感，以此为基础构建具有创新性的产品设计。这一过程有助于设计师跳脱传统思维，实现多样化的设计理念。

（二）创新设计工具的应用

一些创新型的人工智能设计工具，如 Midjourney 和 VISCOM，可以在设计过程中提供丰富的参考和辅助。这些工具可以帮助设计师快速生成可视化效果，进一步优化设计方案。同时，这些工具还可以促使设计师在设计过程中尝试新颖的表现手法，提高设计的创新性和多样性。

例如，Midjourney 是一个基于人工智能的设计师协作平台，它可以帮助设计师团队在设计过程中实现更高效的协作与沟通。通过使用这一工具，设计师可以更好地将各自的创意融合在一起，形成更具创新性的产品设计。

VISCOM 是一款基于深度学习的视觉计算设计工具，设计师可以通过这个工具快速地为产品生成多种视觉效果。这使得设计师可以在短时间内评估和优化设计方案,从而实现更高水平的创新与多样性。

(三)人工智能推动跨领域融合

人工智能技术在其他领域的发展也为设计领域带来了新的创新契机。例如,生物学、材料科学、建筑学等领域的研究成果可以为产品设计提供新的理念和方法,实现跨界融合与创新。通过人工智能技术,设计师可以在更广泛的领域内进行挖掘和整合,形成独特的设计语言和风格,从而提高产品的创新性和多样性。

例如,建筑学领域的人工智能技术可以帮助设计师在产品设计中引入更多建筑元素,实现产品与空间的完美结合。生物学领域的研究成果,如仿生学和生物基材料,可以为产品设计提供全新的设计元素和材料选择。这些跨领域的融合和创新可以帮助设计师实现更具挑战性和多样性的设计成果。

(四)市场机遇与产业变革

随着人工智能技术在设计领域的应用日益广泛,产品设计市场将出现新的机遇和变革。人工智能技术可以帮助设计师更好地满足客户的个性化需求,实现定制化的设计服务。这将为设计师和企业带来更多的市场机会,推动产业变革。

在这种情况下,设计师和企业需要密切关注人工智能技术的发展动态,以便及时把握市场变化和趋势。同时,他们还需要不断提升自身的创新能力和技术应用水平,以便更好地应对市场竞争和挑战。

四、降低设计成本与提高生产效益

在个性化定制产品设计领域,人工智能技术正日益成为降低设计成本和提升生产效益的关键工具。它通过智能分析和自动化流程,帮助设计师在材料选择、生产工艺和产品结构等方面做出更加科学和经济的决策。

(一)降低设计成本

人工智能技术通过精准的数据分析和模式识别,可以帮助设计师在早期设计阶段就预测和评估不同设计选择的成本。这种预测能力不仅基于现有的成本数据,还能考虑市场趋势和材料供应情况。例如,人工智能系统可以通过分析大量的材料数据库,为设计师推荐性价比最高的材料选项。这种优化不仅降低了原材料成本,也减少了后期修改和迭代的需要,从而降低整体设计成本。

(二)提高生产效益

人工智能技术在提高生产效率方面也发挥着重要作用。它可以根据设计方案对生产流程进行模拟,预测可能的生产瓶颈和优化点。例如,AI系统能够基于生产线的实时数据,调整工艺流程,减少浪费,优化生产周期。此外,人工智能还能通过分析市场需求和消费者行为,预测产品需求,帮助企业做出更加精准的生产计划,减少库存积压和资源浪费。

(三)决策支持

人工智能技术为设计师提供了一个强大的决策支持系统。它不仅能够提供关于成本和效益的定量分析,还能够基于历史数据和市场趋势,提供定制化的建议和见解。这种决策支持对于平衡设计创新和商业可行性尤为重要,尤其是在面对竞争激烈和快速变化的市场环境时。

五、提升人类生活品质

在当今社会,个性化定制产品设计正在成为提高人类生活品质的重要途径。特别是随着人工智能技术的发展和应用,个性化定制产品设计已经不再局限于满足基本的功能性需求,而是扩展到提升个人的生活体验和舒适度。

(一)个性化需求的精准捕捉

人工智能技术在个性化定制产品设计中的核心优势之一是其能够精准捕捉和分析消费者的个性化需求。通过数据分析、行为模式识别等技术,设计师能够深入了解消费者的喜好、习惯以及使用场景,从而设计出更符合个人需求的产品。这种基于深度学习和用户行为分析的设计方法,可以确保产品在满足基本功能的同时,也能在美观性、舒适度、易用性等方面更贴近用户的个人喜好。

（二）生活品质的显著提升

随着个性化定制产品的普及，人们的生活品质得到了显著的提升。例如，在居家生活方面，个性化定制的家具、智能家居系统等，不仅提高了居住的舒适度，也让家庭生活更加便捷和智能。在工作环境中，个性化的办公设备和工具能够提高工作效率，减小劳动强度。此外，在健康和娱乐方面，定制化的健康监测设备、个性化的运动器材等，都在极大地丰富人们的生活体验。

（三）技术创新与生活融合

人工智能技术的创新不断扩大个性化定制产品设计的边界。从传统的物理产品到数字化服务，再到智能化体验，技术的每一步创新都在促进产品与人们日常生活的融合。通过智能化分析和预测，产品不仅能够适应当前的需求，还能预见未来的趋势，为用户带来更具前瞻性的生活体验。

人工智能技术对产品设计个性化定制具有显著的贡献与价值，它不仅提高了设计效率与质量，满足了消费者的个性化需求，还推动了设计创新与多样性，降低了设计成本并提高了生产效益，提升了人类生活品质。

第二节　本书研究的局限性及展望

一、局限性

在本书中，我们力求全面、深入地探讨基于人工智能的个性化定制产品设计，然而，仍存在一些局限性。首先，人工智能领域近年来的爆发式发展，使得相关技术和理论迅速更新，对于研究者来说，跟踪和掌握最新的研究成果是一项具有挑战性的任务。这可能导致本书在某些方面无法覆盖最新的技术进展。同时，由于笔者本身知识储备的不足，可能在某些方面的描述和解释上存在不尽如人意的地方。

其次，本书涉及的一些人工智能软件和工具，由于硬件条件的限制，没有办法进行实际的操作和演示。这在一定程度上影响了对相关技术应用效果的评估和分析,可能会导致某些结论的片面性或不足。

二、展望

尽管本书存在一定的局限性,但对基于人工智能的个性化定制产品设计的研究仍具有积极的意义。未来,随着人工智能技术的不断发展和成熟,我们有理由相信,人工智能将在个性化定制产品设计领域发挥更大的作用。为了推动人工智能在这一领域的深入应用和发展,我们需要关注以下几个方面:

与其他研究者和设计师建立紧密的合作关系,共同关注人工智能技术在产品设计领域的应用。这将有助于我们充分利用各自的专业知识,共同解决可能遇到的问题。

深入研究人工智能技术与传统设计方法的融合,探索更加高效、创新的设计理念和方法。这将有助于我们发现新的设计思路,为个性化定制产品设计领域带来更多的可能性。

关注人工智能技术在多学科交叉与融合方面的研究,以期在产品设计领域实现更广泛、深入的应用。这将有助于我们了解各学科之间的相互影响,为产品设计领域的发展提供更多的灵感。

重视对可持续发展与环保设计的研究,利用人工智能技术推动产品设计的绿色发展。这将有助于我们更好地认识环境保护在产品设计中的重要性,借助人工智能技术来实现环境友好的设计方案。

对人工智能技术在新兴领域的应用与创新进行关注,挖掘更多的市场机遇和产业变革。这将有助于我们跟踪和掌握行业发展趋势,为个性化定制产品设计领域带来更多的发展机会。

综上所述,尽管本书存在一定的局限性,但我们相信基于人工智能的个性化定制产品设计研究具有广阔的前景。笔者期待有更多研究者和设计师关注这一领域,共同推动人工智能在产品设计领域的深入应用和发展。通过不断探索和实践,我们将能够在个性化定制产品设计领域创造出更多具有创新性和实用性的设计成果,为人类生活带来更多便利和美好。

参考文献

[1] (美)李杰(Jay Lee). 工业人工智能[M]. 上海:上海交通大学出版社,2019.

[2] 王洪亮,徐婵婵. 人工智能艺术与设计[M]. 北京:中国传媒大学出版社,2022.

[3] (美)史蒂芬·卢奇(Stephen Lucci),丹尼·科佩克(Danny Kopec). 人工智能[M]. 2 版. 林赐,译. 北京:人民邮电出版社,2018.

[4] (意)皮埃罗·斯加鲁菲(Piero Scaruffi). 人工智能通识课[M]. 张瀚文,译. 北京:人民邮电出版社,2020.

[5] 莫宏伟. 人工智能导论[M]. 北京:人民邮电出版社,2020.

[6] 廉师友. 人工智能概论[M]. 北京:清华大学出版社,2020.

[7] 冯天瑾. 智能学简史[M]. 北京:科学出版社,2007.

[8] 李开复. AI·未来[M]. 杭州:浙江人民出版社,2018.

[9] 杜严勇. 人工智能伦理引论[M]. 上海:上海交通大学出版社,2020.

[10] (日)山中伸弥,羽生善治. 人类的未来,AI 的未来[M]. 丁丁虫,译. 上海:上海译文出版社,2022.

[11] 赵馨蓓. 基于感知心理学的用户体验在视觉设计中的应用[J]. 天工,2023(9).

[12] 王年文,王劲松,毕翼飞,等. 人工智能在感性工学研究中的应用与趋势[J]. 包装工程,2023,44(16).

[13] 牛可. 智能家居语音识别通用语音 AI 云平台的设计与实现[D]. 杭州:杭州电子科技大学,2019.

[14] 顾正东. 基于深度学习的人脸年龄估计算法研究[D]. 南京:南京邮电大学,2018.

[15] 刘炜,刘倩倩,付雅明,等. 人工智能时代的元数据方法论[J]. 图书馆理论与实践,2023(4).

[16] 周泽寻. 基于深度卷积神经网络的 MRI 影像脑肿瘤分割算法研究[D]. 重庆:重庆大学,2020.

[17] 何涛.人工智能在制造业中的应用设计[J].价值工程,2023,42(28).

[18] 温新民,许焕英.人工智能技术构筑智能政府的前置条件研究[J].湖南行政学院学报,2019(5).

[19] 王景.基于图像生成模型的人脸隐私保护算法研究与应用[D].昆明:云南师范大学,2022.

[20] 李瑞琪,纪婷钰,韩丽,等.大规模个性化定制产品设计标准化需求分析[J].信息技术与标准化,2021(10).

[21] 李强,史志强,闫洪波,等.基于云制造的个性化定制生产模式研究[J].工业技术经济,2016(4).

[22] 蓝江.人工智能的伦理挑战[N].光明日报,2019-04-01(15).

[23] 德勤中国.AI 创新融合:世界新秩序[M].上海:上海交通大学出版社,2020.

[24] 世界人工智能大会组委会.智联世界——AI 行业前瞻思想荟萃[M].上海:上海科学技术出版社,2020.

[25] 宋文燕,王丽亚,明新国.个性化需求驱动的产品服务方案设计理论与方法[M].上海:上海交通大学出版社,2022.

[26] (美)凯德·梅茨(Cade Metz).深度学习革命[M].桂曙光,译.北京:中信出版社,2023.

[27] 吴俭涛,孙利.象元形态设计理论及应用——产品个性化形态定制新方法[M].2 版.秦皇岛:燕山大学出版社,2018.

[28] 蒋天宁,朱玉杰,张标.基于三种机器学习算法的智能制造能力成熟度评价[J].经济师,2021(1).

[29] 钱锋.人工智能赋能流程制造[J].科技导报,2020,38(22).

[30] 温湖炜,钟启明.智能化发展对企业全要素生产率的影响——来自制造业上市公司的证据[J].中国科技论坛,2021(1).

[31] 陈世卿.5G+工业互联网+大数据+脑科学+AI+智能超算的前沿应用场景[J].软件和集成电路,2021(9).

[32] CHAMBERLAIN R,MULLIN C,SCHEERLINCK B,et al. Putting the art in artificial: Aesthetic responses to computer-generated art [J]. Psychology of Aesthetics, Creativity, and the Arts,2018.

[33] GAURAV O. Exploring DeepFakes [EB/OL]. (2018-03-01)[2021-09-

13]. https://www. kdnuggets. com/2018/03/exploring-deepfakes. html.

[34] IQBAL Q, AGGARWAL J K. CIRES: A system for content-based retrieval in digital image libraries[C]/Proceedings of the Invited Session on Content Based Image Retrieval: Techniques and Applications, International Conference on Control, Automation, Robotics and Vision(ICARCV 2002). Singapore: IEEE Computer Society, 2002: 205-210.

[35] HANNAH D. Do no harm, don't discriminate: Official guidance issued on robot ethics [EB/OL]. (2016-09-18)[2021-09-13]. https://www. theguardian. com/technology/2016/sep/18/official-guidance-robot-ethics-british-standards-institute.

[36] HINTON G E, SALAKHUTDINOV R R. Reducing the dimensionality of data with neural networks[J]. Science, 2006, 313(5786): 504-507.

[37] Urmila Shrawankar, Latesh Malik, Sandhya Arora. Cloud Computing Technologies for Smart Agriculture and Healthcare[M]. CRC Press, 2021.

[38] MICHAEL C. Dartmouth contest shows computers aren't such good poets [EB/OL]. (2016-05-19) [2021-09-13]. https://phys. org/news/2016-05-dartmouth-contest-good-poets. html.

[39] JEREMY A. Alan Winfield-paving the way for ethical robots [EB/OL]. (2017-06-09)[2021-09-13]. https:/blogs. uwe. ac. uk/research-business-innovation/alan-winfield-paving-the-way-for-ethical-robots/.

[40] JANE W. Intelligent machines: AI art is taking on the experts [EB/OL]. (2015-09-17) [2021-09-13]. https://www. bbc. com/news/technology-33677271.

[41] JONATHAN J. AI: More than human-review [EB/OL]. (2019-05-15) [2021-09-13]. https://www. theguardian. com/artanddesign/2019/may/15/ai-more-than-human-review-barbican-artificial-intelligence.

[42] JULIA C W. "This is AWFU": Robot can keep children occupied for hours without supervision[EB/OL]. (2016-09-29) [2021-09-13].

https://www.theguardian.com/technology/2016/sep/29/ipal-robot-childcare-robobusiness-san-jose.

[43] FRIDA G. The quest to teach AI to write pop songs [EB/OL]. (2018-04-19)[2021-09-13]. https://gizmodo.com/the-quest-to-teach-ai-to-write-pop-songs-1824157220.

[44] DOM G. Human or AI: Can you tell who composed this music? [EB/OL]. (2016-12-16)[2021-09-13]. https:/futurism.com/human-or-ai-can you-tell-who-composed-this-music.

[45] LIAN Z H, ZHAO B, XIAO J G. Automatic generation of large-scale handwriting fonts via style learning [C]. SIGGRAPH ASIA 2016 Technical Briefs. New York: Association for Computing Machinery, Article 12:1-4.

[46] A computer predicts your thoughts, creating images based on them [N]. Science Daily, 2020-09-21.

[47] BBC NEWS. Will a robot take your job? [EB/OL]. (2015-09-11)[2021-09-13]. https://www.bbc.com/news/technology-34066941.

[48] BRIGGS. Uploading ourselves into machines is impossible[EB/OL]. (2019-08-15)[2021-09-13]. https://wmbriggs.com/post/27834.

[49] BEN S. Can computers be creative? [EB/OL]. (2001-11-01)[2021-09-13]. http://news.bbc.co.uk/2/hi/science/nature/1647086.stm.

[50] NASA, PCoE Datasets. https://ti.arc.nasa.gov/tech/dash/groups/pcoe/prognostic-data-repository/.

[51] RACHEL C. The robot's hand? How scientists cracked the code for getting humans to appreciate computer-made art [EB/OL]. (2018-05-12)[2021-09-13]. https://news.artnet.com/art-world/study-computer-made-art-1289354.